国家级实验教学示范中心系列规划教材

普通高等院校机械类"十三五"规划实验教材

工程材料实验教程

（第二版）

主　编　徐志农

副主编　赵　朋　周继烈

参　编　王庆九　尹　俊　洪玉芳　倪益华　葛康定

主　审　唐任仲

U0362702

华中科技大学出版社

中国·武汉

内容提要

本书是基于国家级实验教学示范中心系列规划教材和普通高等院校机械类"十三五"规划实验教材《工程材料实验教程》,凝练教育部机械基础课程教学指导委员会工程材料与机械制造基础课程教学指导小组就课程知识点和知识体系研究后提出的工程材料与机械制造基础课程教学基本要求的新精神,汇聚浙江大学国家级机械实验教学示范中心和兄弟院校实验教学的改革经验,所编著的第二版系列实验教材。

全书共分 4 章。第 1 章绪论,概述了实验教学目的、要求和实验教学体系;第 2 章介绍了基础型、验证型和综合型实验项目;第 3 章介绍了工程材料实验的主要设备;第 4 章是实验报告。

本书可作为高等院校机械类、近机类和化工类学生的工程材料实验教材,也可作为工科学生进行工程训练、机械制造实习时的实验辅助教材,以及相关教师和工程技术人员的教学参考书。

图书在版编目(CIP)数据

工程材料实验教程/徐志农主编. —2 版. —武汉:华中科技大学出版社,2017.4
国家级实验教学示范中心系列规划教材
ISBN 978-7-5680-2754-0

Ⅰ.①工… Ⅱ.①徐… Ⅲ.①工程材料-材料试验-高等学校-教材 Ⅳ.①TB302

中国版本图书馆 CIP 数据核字(2017)第 078105 号

工程材料实验教程(第二版)　　　　　　　　　　　　　　　　徐志农　主编
Gongcheng Cailiao Shiyan Jiaocheng(Di-er Ban)

策划编辑:万亚军
责任编辑:姚　幸
封面设计:原色设计
责任校对:张会军
责任监印:朱　玢
出版发行:华中科技大学出版社(中国·武汉)　　　电话:(027)81321913
　　　　　武汉市东湖新技术开发区华工科技园　　　邮编:430223
录　　排:华中科技大学惠友文印中心
印　　刷:武汉市籍缘印刷厂
开　　本:787mm×1092mm　1/16
印　　张:7
字　　数:177 千字
版　　次:2009 年 4 月第 1 版　2017 年 4 月第 2 版第 1 次印刷
定　　价:19.80 元

国家级实验教学示范中心系列规划教材
普通高等院校机械类"十三五"规划实验教材
编 委 会

再 版 前 言

本书是工程材料及机械制造基础系列课程的实验教学用书。工程材料实验是理工科制造专业学生学习工程材料课程不可或缺的实践能力培养环节。

本书出版迄今已近十年,此次修订的依据是教育部"工程材料及机械制造基础课程教学基本要求"中工程材料课程部分,结合教育部机械基础课程教学指导委员会"工程材料与机械制造基础"课程教学指导小组对课程知识点和知识体系的研究成果,并吸取了各校教学改革经验和读者的意见及建议。

此次修订的主要原则如下。

(1)坚持"少而精"。本书文字简练,能与课程教材有机配合,便于实验教学,实用性强。此次修订删去非金属材料定性类实验、选材的力学性能仿真实验,编入了非金属材料、典型复合材料的基础实验技术内容。

(2)正确处理材料学理论"基础"与实际"应用"的关系。章节编排中更注重工程设计制造对金属材料、非金属材料和复合材料的量化要求,丰富制造类专业的学生对各类材料的理解,拓展其在工程实际应用中对材料选择和应用的考量。

(3)全面贯彻国家有关最新标准,包括名词术语、符号、单位等,并在实验中予以实际应用和实现。

(4)新增、更换和调整了部分插图与表格。

本次修订由徐志农主持。参加本书修订工作的有浙江大学徐志农(第1章,2.4节,2.5节,2.8节,3.2节,4.1~4.9节),赵朋(2.10~2.12节,3.2.4节,4.10~4.12节),周继烈(2.1节),王庆九(2.3节,2.6节,2.9节),尹俊(2.13节,4.13节),洪玉芳(3.1节,3.3节),葛康定(2.7节),浙江农林大学倪益华(2.2节)。承蒙浙江大学唐任仲教授悉心审阅了本修订稿,并对书稿提出了宝贵的意见和建议,在此表示衷心的感谢。

由于编者的水平有限,书中难免存在谬误和不当之处,恳请读者批评指正。

编 者
2017 年 2 月

前　　言

本书是根据教育部制定的《工程材料及机械制造基础课程教学基本要求》中工程材料的基本要求编写的，以配合理工类非材料专业的学生学习"工程材料"课程的实验教学。本教程也可供工科大类学生在进行"工程训练"通识教学时，作为金属材料及热处理实习的教学参考用书。

本书包括 12 个实验项目、实验报告和实验辅助知识，主要特色和创新点如下。

（1）从材料实验教学规律和工程实践应用并重着眼，基础验证型实验和创新设计型实验构思独特，体系相对完整，内容较为丰富。既能配合"工程材料"课程理论教学和实验教学的同步进行，也能单独设为"工程材料"实验课教学运行，有利于各种教学计划的编排。实验项目类型和实验报告内容的设置合理，便于实验的有效落实。

（2）在实验目的上，让学生注重以工程应用为背景，通过分析材料的金相组织，提高对材料学研究的感性认识，强化实践和理论的联系，强化培养学生从基础验证能力过渡到综合设计能力，体现了认识来源于实践，经过归纳升华到理论层面后进一步指导实践的完整过程，有利于学生提高独立思考、协同工作，以及善用所学知识分析和解决问题的能力。

（3）在基本要求上，除了掌握材料显微分析和硬度测定的方法，了解材料的成分、组织和性能之间的关系，了解材料性能与强化方法之间的关系，合理制订常用材料的热处理工艺和进行热处理操作外，强化正确选材和应用；在实验手段上，既沿用传统的金相显微镜和硬度计，又在相关实验中充分应用了计算机辅助分析等手段，进而激发学生的求知欲。

本书由浙江大学徐志农担任主编（第 1 章，第 2.3～2.5、2.8～2.12 节，第 4 章），浙江大学周继烈（第 2.6 节，第 3.1 节）、倪益华（第 2.7 节，第 3.2 节）、陈培里（第 2.1 节）、郑璐旦（第 3.3 节，提供金相图片）、葛康定（第 2.2 节）参编。承蒙浙江大学唐任仲教授悉心审阅了本书稿，并对书稿提出了许多宝贵的意见和建议，在此表示由衷感谢。

本书的编写是在总结了本校多年的实践课程教学和教材的基础上，同时参考和借鉴了其他院校的"工程材料"课程用书和实验教材，基于浙江大学国家级机械实验教学示范中心的实验教学体系而编写的。

编　者

2009 年 2 月

目　　录

第1章

绪　论

1.1　概述

　　材料是人类生产和生活的重要物质基础,材料的研究和生产水平成为一个国家工业技术水平的重要标志。人类社会的全部活动都与材料紧密相关。每一种有重要影响的新材料问世,都会推动生产技术的一次飞跃。材料也是近代科学技术发展的重要支柱之一。每一种新材料的发明和应用,都促使某一新兴工业的产生和发展,并使人类的生活更加丰富多彩。

　　目前,我国机械工业中应用的材料仍以金属材料为主。在金属材料中又以铁合金材料为主,其中碳钢和灰铸铁占总用量的一半以上。在非金属材料中,目前应用最多的是塑料。塑料的应用已遍及机械工业各个领域和国民经济的各部门。复合材料是近来发展起来的新型结构材料,可根据使用要求调整材料组分而获得满意性能,因而应用范围越来越广。非金属材料中的无机材料具有独特的性能,其耐热性、耐磨性、耐蚀性和电绝缘性是其他材料不能与之媲美的,在机械、化工、电气、纺织等工业部门的某些领域,是不可替代的重要材料。

　　随着科技水平和制造技术的发展,材料的研制、生产和应用将发生重大变化,钢铁材料的应用比例将逐步减少,非金属材料的应用比例将逐步增加,对材料性能的要求将向综合性和功能化发展。

　　进入 21 世纪,我国正在努力由制造业大国向制造业强国迈进。一方面,随着新材料、新技术、新工艺的不断出现,制造技术出现了前所未有的发展,产品制造所涉及材料已不再仅以金属材料为主,无机非金属材料、高分子材料、复合材料的快速发展,正在不断替代金属材料而获得广泛应用。另一方面,国家对高等教育实践教学环节的重视,通过机械工程实验教学中心整合了本学科的实验教学内容,构成了自身的实验教学体系,工程材料实验教学作为该体系中一个重要环节,日益体现出其重要性。

　　工程材料课程实验服务于工程材料课程教学。事实上我国高校相关课程名称很早就从金属材料拓宽到工程材料,但课程知识体系仍基本围绕金属材料及其制造展开,材料知识点在教学基本要求中也仅有粗线条展示,缺乏相关专业学生应用新材料的实验。构建工程材料实验教学新知识体系,使培养的学生真正做到"了解所在工程领域的工程实践知识,以及材料、部件和软件的属性、状态、制造与使用"。

　　为了适应不同类别机械工程实验教学中心的理论教学和实验教学计划安排,本书既考虑了与理论教学章节进度配套的状况,又考虑实验教学单独设课的需求,以理论学习为导引,丰富实验内容,便于组合不同层次的实验教学,使之既面向机械工程学科人才的实践教学,也适合工科大类学生通过工程训练和机械制造实习环节,有效培养材料学的应用能力。

■ 1.2 工程材料实验教学体系 ■

工程材料实验来源于实践和理论的结合,并随着应用需求和学科交叉的不断发展,要求实验教学体系与理论教学体系的相辅相成,在实践教学中不但要应用新材料、新工艺、新方法,同时要贯彻新的实验教学理念和教学思路,提供合理的实验教学对策,使学生学习的知识点最终体现在能力点上。

对于制造类学科,尤其是机械类的学生,需要掌握主要知识包括:材料基础与选材、材料成形、机械制造工艺、材料改性等。工程材料实验教学体系是以工程材料理论课程的内核为主导,以实验方法为支承,实验手段为载体而建立的,是掌握材料基础与选材、材料改性知识的教学纲领。

图 1-1 所示为工程材料实验教学体系构架。其中每个实验基本课时的安排为 2 学时。

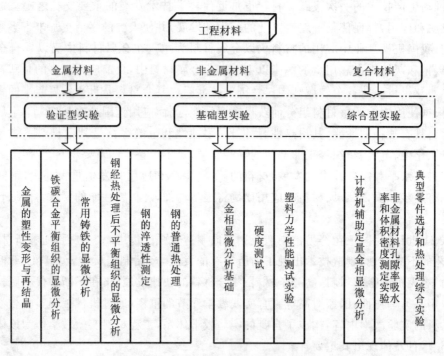

图 1-1 工程材料实验教学体系构架

工程材料实验教学体系构架力图在材料基础与选材上,使学生能分析理解工程材料的组织、结构、性能、工艺四者之间的内在关系,会运用这些关系解释材料性能和加工中的问题,能读懂材料的牌号及含义,能了解各种材料的主要用途,熟悉材料选材原则,会为产品或零件选材。在材料改性部分,使学生能理解材料改性的目的、方法、价值和意义;熟悉热处理工艺的目的和基本工艺;能读懂基本的热处理工艺,能为简单零件制订热处理工艺;了解表面工程技术用途,能区分不同表面工程技术;能结合产品性能及成本,为产品或零件提供合理的改性建议。

1.3 实验教学目的及要求

工程材料实验与工程材料课程教学在内容上有着密切的关系,但是工程材料实验是用实验的手段来确定材料的成分、组织与性能之间的关系。

实验的作用不仅在于验证已知的现象和规律,进一步理解基本理论,更重要的是通过各种实验,掌握相应的实验技能,培养独立工作和分析问题的能力,进而培养综合及创新能力。

1. 工程材料实验教学的主要目的
(1) 在实验中还原理论知识中涉及的概念、术语和应用对象。
(2) 深化理论知识的学习,加深对理论知识体系的整体认识。
(3) 了解、熟悉和掌握相关仪器、设备和装置的原理、作用及应用。
(4) 掌握一定的实践操作技能,培养独立工作和分析问题的能力。
(5) 培养严谨、科学、求是的学风,提高综合及创新能力。

2. 工程材料实验应达到的基本要求
(1) 了解和掌握材料的强化途径和主要方法。
(2) 学会常用材料的金相显微分析和硬度测定方法,正确使用显微分析设备和硬度计。
(3) 能合理制订几种主要材料的热处理工艺,进行热处理操作。
(4) 了解常用金属和非金属材料组织与性能鉴别方法,熟悉材料应用场合,会选材。
(5) 既独立思考,积极主动,又富有团队合作精神。
(6) 严谨的进行科学实验,实事求是记录实验数据,归纳、推理、分析、判断。

1.4 实验方法及手段

为了适合各类人员的实验教学,本书所列实验项目适用于不同课时的教学计划,既适合学生通过工程材料理论及其他课程知识配合实验章节学习,也适合单独通过工程材料等实验环节学习和深化工程材料的应用及选材,还可以通过工程实践、工程训练等相关环节,逐步达到工程材料实验和选材的要求。实验项目的合理组合及编排有助于理论和实验知识体系的获取及掌握,能在要求的实验课时内达到最佳的教学效果。

要求教师多以采用启发式教学的方法,设置问题,推动学生的独立思考;注重理论知识和实验现象之间的有机衔接;在实验教学中,多以工程实践中典型材料的应用为范例,加深学生的工程应用意识和求知创新精神。

要求学生在进行每个实验前,必须认真阅读有关指导书和附录,明确实验目的、实验内容和实验步骤;以认真负责和科学的态度进行实验,记录实验过程中的有关数据。

实验结束后,必须认真完成实验报告。实验报告中应明确:实验目的、实验依据、实验中的主要装置和材料、实验数据和实验结果分析。特别注重充分利用实验数据进行分析,得出正确的看法或结论。

　　由于工程材料实验是采用实验手段来确定材料的结构、成分、组织与性能之间的关系,因此应该多采用典型构件的金属、非金属材料和复合材料及先进实验手段,如计算机辅助技术应用在实验教学环节中,提高教学效果,起到举一反三之功效。

工程材料实验

2.1 金相显微分析基础实验

2.1.1 实验目的

(1) 学会金相试样制备,了解影响金相试样检验效果的主要因素。
(2) 了解金相显微分析的基本原理。
(3) 学会正确使用金相显微镜。

2.1.2 实验基本原理

一般认为用金相显微镜(在放大 100~2 000 倍下)观察、研究和分析金属及合金内部组织的方法称为金相显微分析法。在金相显微镜下观察到的金属及合金内部形态称为显微组织。金相显微分析法是研究金属材料微观组织结构最基本的一种技术,也是目前生产中主要的检验方法之一。

金相显微分析可以研究金属和合金的内部组织及其与化学成分的关系;可以确定各种金属和合金经不同加工和热处理后的组织;可检验金属和合金中非金属夹杂物与缺陷的数量和分布状况;可以测定金属和合金内部晶粒的大小。

要想观察到金属与合金真实的、清晰的显微组织,首先要把金属材料制备成符合一定要求的金相试样,其次是正确掌握金相显微镜的使用方法。

1. 金相试样

制备好的合格金相试样应当是:组织有代表性;无假象、要真实(如表面无变形层、制备过程中无组织变化、夹杂物与石墨等无脱落);表面无磨痕、麻点、锈斑及水迹等。

金相试样的制备包括取样、制成光亮平整的镜面和浸蚀等几个步骤。

1) 取样

金相试样的取样应考虑截取部位、切取的方法、检验面的选择、试样大小及试样是否要装夹或镶嵌。

截取金相试样的部位必须根据检验的目的,能表征被检验材料或零件的特点。如对事故进行分析,应在零件的破损部位截取,同时也应在远离破损处截取一参考试样,以相互比较。各种材料经过的工艺过程或处理情况不同,截取试样的部位(如表面与中心、纵剖面与横截面)也应随着变化等。

截取试样时必须采取最合适的方法,尽量避免因截取不当而引起内部组织的变化。

金相试样的大小,较合适的尺寸是 $\phi(10\sim15)$ mm $\times(12\sim15)$ mm 的圆柱体或边长为 12 mm 的正方体。对于形状特殊或尺寸细小的试样(如线材、薄板、切屑、锤击碎片等)可进行镶嵌或机械装夹等。图 2-1 所示为金相试样的镶嵌和装夹方法示意图。

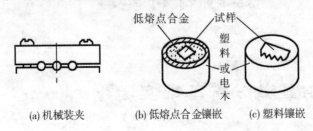

(a) 机械装夹   (b) 低熔点合金镶嵌   (c) 塑料镶嵌

图 2-1　金相试样的镶嵌和装夹方法

2) 制成平整光亮的镜面

为了使试样的观察表面是平整光亮的镜面,可采用磨制和抛光(如机械抛光、电解抛光和化学抛光等)来获得。

在金相显微镜下观察光亮的镜面,只能看到一片白亮,也可观察材料内部的某些夹杂物,如石墨、微裂纹、孔洞等,一般看不到内部的组织形态。

3) 浸蚀

要观察到金属和合金的组织,必须采用适当的浸蚀剂对金相试样的表面进行"浸蚀"才能使显微组织真实地、充分地、细致地显示出来。

常用的浸蚀方法有化学浸蚀法、电解浸蚀法和着色浸蚀法等。

(1) 化学浸蚀法　化学浸蚀法主要是利用浸蚀剂对试样表面产生的化学与电化学作用来浸蚀试样表面的。由于金属材料各处的化学成分和组织不同,它们的原子排列情况和电极电位不同,故腐蚀的性能不同,浸蚀时各处的腐蚀速度不一样,试样表面上呈现出微观的凹凸不平,在垂直光线的照射下,光的反射程度不同,因而在金相显微镜下就能观察到试样表面各处明暗程度的不同,依此鉴别材料内部的组织。

在单相合金中,由于晶界上原子排列较不规则,具有较高的能量,所以晶界较易浸蚀,形成凹沟,对投射的光线发生漫反射。故在金相显微镜下看到黑色的晶界,如图 2-2(a)所示;同时由于各个晶粒内部原子排列的位向不同,引起腐蚀性能不一样,浸蚀后会有轻微的凹凸不平,在金相显微镜下则观察到明暗不同的晶粒,如图 2-2(b)所示。

对于两相或两相以上的合金,由于其各组成相具有不同电极电位,引起的电化学腐蚀是具有负(或低)电位的相被浸蚀而形成凹洼,具有正(或高)电位的相不受浸蚀。因此在直射光线照射下,凹凸不平的试样表面产生程度不同的反射,通过金相显微镜观察,能区别不同的组织

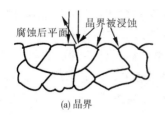

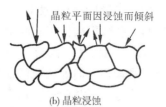

图 2-2　纯金属和单相金属浸蚀后的示意图

(a) 晶界

(b) 晶粒浸蚀

和组成相。如共析钢平衡状态下的珠光体组织是铁素体基体上分布着层片状的渗碳体,而铁素体具有负电位,渗碳体为正电位,因而在正常浸蚀条件下,铁素体被腐蚀而凹下,渗碳体却未腐蚀。因此在高倍金相显微镜下观察到渗碳体四周有一圈暗线,显示出两相存在,如图 2-3 所示。

常用的浸蚀剂种类很多,应按金属材料的不同和检验目的的不同,选择恰当的浸蚀剂。常用的浸蚀剂如表 2-1 所示。

图 2-3　珠光体组织浸蚀后的示意图

表 2-1　常用浸蚀剂

序号	浸蚀剂名称	成　分	适 用 范 围	注 意 事 项
1	硝酸酒精溶液	硝酸 1～5 ml 酒精 100 ml	中碳钢、合金结构钢、铸铁的各种状态组织	随硝酸含量增加浸蚀速度加快
2	苦味酸盐酸酒精溶液	苦味酸 1～5 g 盐酸 5 ml 酒精 100 ml	淬火和淬回火后钢的组织与晶粒大小	浸蚀时间较长
3	碱性苦味酸水溶液	苦味酸 2～5 g 苛性钠 20～25 g 水 100 ml	钢中渗碳体呈棕黑色网状	加热至 60℃ 时浸蚀 5～30 s
4	氯化铁盐酸水溶液	氯化铁 5 g 盐酸 50 ml 水 100 ml	显示不锈钢、铜及铜合金的组织	浸蚀时间较长
5	王水溶液	盐酸 3 份 硝酸 1 份	显示高合金钢、不锈钢的组织	—
6	氢氟酸水溶液	氢氟酸 0.5 ml 水 100 ml	显示铝及铝合金的组织	用棉花沾上浸蚀剂后擦拭
7	焦亚硫酸试剂	焦亚硫酸钾 3 g 氨基磺酸 1～2 g 水 100 ml	显示铸铁、碳钢、合金钢组织	使铁素体晶粒着色,碳化物呈白色网状
8	硒酸试剂	盐酸 2 ml 硒酸 0.5 ml 酒精 100 ml	显示碳钢和工具钢组织	碳化物着色呈红至蓝,铁素体发亮

浸蚀剂不同,显示组织的效果不一样。如 T12 钢退火后的组织,用 4％硝酸酒精溶液浸蚀后,渗碳体呈白色网状;用碱性苦味酸水溶液浸蚀后,渗碳体呈棕黑色网状。

(2) 着色显示(浸蚀)法　因为合金材料内部的组织往往是好几种组成相的混合组织,采用普通浸蚀方法难以将它们确切地区分出来,因此发展形成了着色显示法(又称彩色金相法)。着色显示法有热染定、气相沉积法、化学着色法和恒电位浸蚀法等多种。目前应用较多的是化学着色法。

化学着色法的基本原理是:试样在特殊的化学着色剂的作用下,主要通过与试样表面材料的化学置换反应或沉积,在试样表面形成一层硫化物、氧化物等的薄膜,不同组成相形成膜的厚度不同,在金相显微镜的光线照射下,依靠薄膜干涉而增加各组成相的程度,并使之具有不同的色彩,从而区别出各个组成相。

2. 金属材料组织的放大

制备好的金相试样,直接用肉眼看不清材料内部的组织。正常人眼看物体时,最适宜的距离大约在 250 mm,在此距离能分辨的最小距离为 0.15～0.30 mm。而金属材料内部的组织远比此值小,所以必须依靠金相显微镜,把试样放大到一定倍数,以观察金属材料的内部组织。

在现代金相显微分析中,主要应用普通光学金相显微镜、电子显微镜等观察装置。这里仅介绍普通光学金相显微镜,其结构和操作参见 3.1 节。

2.1.3　实验装置及材料

(1) 磨制用玻璃平板及金相砂纸一套,其顺序号为:240#、280#、320#(00)、400#(01)、500#(02)、600#(03)、800#(04)、1000#(05)、1200#(06)、1400#(07)。

(2) 抛光机与抛光液　机械抛光机主要由电动机和抛光圆盘(ϕ200～300 mm)所组成。抛光圆盘的转速为 300～500 r/min。根据试样材料和抛光面要求不同,抛光盘上蒙上帆布、呢绒、丝绸等。抛光时不断滴注抛光液。抛光液通常采用磨料(根据试样材料及抛光表面要求不同有 Al_2O_3、MgO、Cr_2O_3、SiC 等粉末),粒度为 0.5～3 μm,常用 3 μm 的 Al_2O_3 在水中的悬浮液。抛光时,试样用手捏紧,放在抛光盘的适当位置上,轻压并轻转或移动试样,依靠极细的磨料与抛光面间产生相对滑动时的磨削作用来消除磨痕。

(3) 4×型金相显微镜一台。

(4) 浸蚀剂(本实验用 4％硝酸酒精溶液)及金相试样等。

2.1.4　实验步骤

1. 领取试样毛坯及砂纸

根据本组人数,每人分别领取 10、20、35、45、55、65、75、T8、T10、T12 钢等金相试样毛坯 1～2 块和金相砂纸一套。

2. 制备金相试样

(1) 磨制　磨制的目的是消除磨面上较深的磨痕,为抛光做好准备。

正确的磨制方法如图 2-4 所示。金相砂纸平整地放在玻璃板上,手握紧试样并紧贴金相砂纸,轻压试样并缓慢向前推,用力要均匀,回头时不磨削,一直磨到试样只有一个方向的磨痕为止。然后更换细一号的砂纸,更换后的磨削方向应与前一号砂纸留下的磨痕相垂直(即试样转动 90°),以利于观察粗磨痕的消除情况;同时在更换一张砂纸后,应用棉花把试样表面擦净,以免较粗砂粒带到细砂纸上擦伤试样表面。

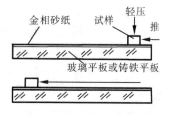

图 2-4　试样的正确磨制方法

对一般的钢铁材料试样,常磨到 03~04 号砂纸为止;而有色金属等较软材料需磨到 05~06 号砂纸为止。

(2) 抛光　抛光是除去试样磨面上的细微磨痕,使其呈光亮平整的镜面。

抛光前先把已经磨制的试样用水清洗干净,以免砂粒带入抛光面中去。

抛光时应使试样磨痕方向与抛光圆盘旋转的线速度方向相垂直;抛光液要摇均匀并间断地加到抛光盘上去;抛光时要注意防止试样的飞出;抛光时间为 2~5 min,不要太长,以避免夹杂物或石墨脱落和形成麻点。

(3) 浸蚀　浸蚀是为了显示金属材料的内部组织。

抛光后的试样要用水清洗干净,并用压缩空气(或洗耳球)吹干,把 4% 的硝酸酒精溶液用滴管吸出并置于试样表面(注意整个试样表面均要被浸蚀剂所覆盖并没有气泡,否则将使试样表面浸蚀得深浅不均匀),经几秒或几十秒(根据材料和组织而异)后,待试样表面变灰色时迅速用水清洗,并立即吹干(否则易生锈),再用毛巾擦去其他部分水迹。

浸蚀的时间长短,必须掌握好。浸蚀时间过短,组织不能完全显示出来,可以再行侵蚀;时间过长,试样表面灰黑,组织模糊不清,必须重新抛光后再浸蚀。

试样制成后,要注意保护。一方面要使试样表面不要与任何硬物相接触,以免擦伤表面,放置试样时表面要向上;另一方面试样表面不能用手接触,以免手印留在试样表面而看不清组织。

3. 观察试样的组织

熟悉金相显微镜的使用方法,并检查已制备好的金相试样。用高倍、低倍或光圈大小不同来观察同一位置的组织;移动工作台观察整个试样表面各处的组织。

4. 完成实验报告

在实验报告上画出不同倍率下金相显微组织示意图,然后相互交换金相试样进行观察。

■ 2.2　硬度测试实验■

2.2.1　实验目的

(1) 学会布氏、洛氏和维氏硬度计操作方法。

(2) 熟悉布氏、洛氏和维氏硬度计的测试原理及应用范围。

(3) 找出钢的硬度与其碳含量和内部组织之间的关系。

2.2.2 实验基本原理

硬度是金属材料力学性能的一种,硬度值的物理意义,随着测试方法不同而异。硬度测试的方法很多,在生产中使用最广泛的是压入法。压入法就是把一个标准硬度的压头以一定的压力压入金属材料的表面,使金属产生局部的塑性变形而形成压痕,根据压痕的大小来确定材料的硬度值。

金属材料的硬度值不是单纯的物理量,而且是表示材料的弹性、塑性、形变强化率、强度和韧度等一系列不同物理量组合的一种综合性能指标。所以在一定条件下,某些材料的硬度值与其他力学性能之间还存在着一定的关系,即硬度值对估计其他力学性能有一定参考价值。此外,硬度测试是一种最快和最经济的测试方法,同时也是唯一不损坏零件的测试方法。所以硬度测试在生产实际与研究工作中对产品质量检查、工艺制定等有重要的实用意义。

常用的硬度测试方法有布氏、洛氏和维氏硬度法三种。

1. 布氏硬度

以一定负荷 F(N 或 kgf)把直径为 D (mm)的淬火钢球或硬质合金球压入被测金属的表面(见图 2-5),保持一定时间后卸除负荷,测量金属表面压痕直径 d (mm),则布氏硬度值为试验负荷除以压痕球形表面积所得的商。当 F 的单位为 kgf 时,其计算公式为

$$\text{HBS 或 HBW} = \frac{F}{S} = \frac{2F}{\pi D(D - \sqrt{D^2 - d^2})} \tag{2-1}$$

当 F 的单位为牛顿(N)时,其计算公式为

$$\text{HBS 或 HBW} = \frac{F}{S} = 0.102 \frac{2F}{\pi D(D - \sqrt{D^2 - d^2})} \tag{2-2}$$

式中:HBS——压头采用淬火钢球时的布氏硬度符号,适用于布氏硬度值在 450 以下的材料;

HBW——压头采用硬质合金球的布氏硬度符号,适用于布氏硬度值在 650 以下的材料;

S——压痕球形表面积。

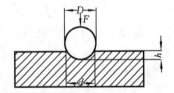

图 2-5 布氏硬度实验原理示意图

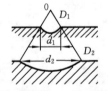

图 2-6 不同直径压头产生的压痕在几何上相似

为了在用不同负荷和不同直径的压头进行测试时,同一材料具有相同的硬度值,压头直径与负荷的选择必须符合相似的原理。如图 2-6 所示,若 $d_1/D_1 = d_2/D_2$,则布氏硬度值相等。在进行布氏硬度实验时,只要 F/D^2 为常数,就能使压痕几何形状相似。为此我国国家标准中《金属材料布氏硬度试验 第 1 部分:试验方法》(GB/T 231.1—2009)作了具体规定,如表 2-2 所示。

实验后,压痕直径应在 $0.24 \sim 0.6 D$ 之间;否则要重新进行测试。

负载保持时间按表 2-2 选择。测试金属材料的厚度至少应为压痕深度的 10 倍(故薄板材料和表面淬火层与化学热处理渗层不宜用布氏硬度测试其硬度)。

测试时所加的负荷按表 2-3 进行选择。

布氏硬度的表示方法是:符号 HBS 或 HBW 前为硬度值;符号后面依次为球体直径、试验

表 2-2　测试材料和布氏硬度测试时 F/D^2 选择表

材　料	布氏硬度	F/D^2	负荷保持时间 /s
钢及铸铁	<140	10	10
	>140	30	
铜及其合金	<35	5	60
	35~130	10	30
	>130	30	30
轻金属及其合金	<35	2.5(1.25)	60
	35~80	10(5 或 15)	30
	>80	10	30

力、试验力保持时间(10~15 s 不标注)。例如,120 HBS 10/1 000/30 表示用直径为 10 mm 钢球在 1 000 kgf (9.807 kN)试验作用力下保持 30 s 测得的硬度值为 120;500 HBW$_f$/750 表示用直径 5 mm 硬质合金球在 750 kgf(7.355 kN)试验力作用下保持 10 s 测得的布氏硬度值为 500。

由于布氏硬度测试法所用的压头尺寸较大,所得的压痕尺寸也较大,因此测出的硬度值是一个平均数值,能反映较大范围内金属各组成相的一个平均数值,能反映较大范围内金属各组成相综合影响的平均性能,测试的硬度数据较稳定。当金属材料硬度值超过 450 HBS 时,不能用淬火钢球来测试其布氏硬度。因为这样高的硬度会使钢球产生变形,测试结果的误差较大。用硬质合金球可测试布氏硬度值在 650 HBW 以下的金属材料。

表 2-3　布氏硬度测试时试验力的选择

硬 度 符 号			球直径 D /mm	F/D^2 (0.102 F/D^2)	试验力 F /kgf (kN)
HBS	(HBW)	10/3 000	10	30	3 000 (29.42)
HBS	(HBW)	10/1 500	10	15	1 500 (14.71)
HBS	(HBW)	10/1 000	10	10	1 000 (9.807)
HBS	(HBW)	10/500	10	5	500 (4.903)
HBS	(HBW)	10/250	10	2.5	250 (2.425)
HBS	(HBW)	10/100	10	1.25	100 (0.98)
HBS	(HBW)	5/750	5	30	750 (7.355)
HBS	(HBW)	5/250	5	10	250 (2.452)
HBS	(HBW)	5/125	5	5	125 (1.226)
HBS	(HBW)	5/62.5	5	2.5	62.5 (612.9N)
HBS	(HBW)	5/31.25	5	1.25	31.25 (306.5N)
HBS	(HBW)	5/25	5	1	25 (245.2N)
HBS	(HBW)	2.5/187.5	2.5	30	187.5 (1.839)
HBS	(HBW)	2.5/62.5	2.5	10	62.5 (612.9N)

续表

硬度符号		球直径 D /mm	F/D^2 (0.102 F/D^2)	试验力 F /kgf (kN)	
HBS	(HBW) 2.5/31.25	2.5	5	31.25	(306.5N)
HBS	(HBW) 2.5/15.625	2.5	2.5	15.625	(153.2N)
HBS	(HBW) 2.5/7.813	2.5	1.25	7.813	(76.6N)
HBS	(HBW) 2.5/6.25	2.5	1	6.25	(61.29N)
HBS	(HBW) 2/120	2	30	120	(1.177)
HBS	(HBW) 2/40	2	10	40	(392.3N)
HBS	(HBW) 2/20	2	5	20	(196.1N)
HBS	(HBW) 2/10	2	2.5	10	(98.07N)
HBS	(HBW) 2/5	2	1.25	5	(49.03N)
HBS	(HBW) 2/4	2	1	4	(39.23N)
HBS	(HBW) 1/30	1	30	30	(294.2N)
HBS	(HBW) 1/10	1	10	10	(98.07N)
HBS	(HBW) 1/5	1	5	5	(49.03N)
HBS	(HBW) 1/2.5	1	2.5	2.5	(24.52N)
HBS	(HBW) 1/1.25	1	1.25	1.25	(12.26N)
HBS	(HBW)	1	1	1	(9.807N)

2. 洛氏硬度

洛氏硬度是根据压痕深度来确定金属材料的硬度值。洛氏硬度的压头有两种：一种是锥角为 120°的金刚石圆锥；另一种是直径(1/16) in(1.588 mm)或(1/8) in(3.176 mm)的淬火钢球。其测试原理如图 2-7 所示。为了避免压头与试件表面接触不良而影响测试的准确性，洛氏硬度法规定一律先加初负荷 $F_0 = 10$ kgf(98.1 N)，这样压头初始位置

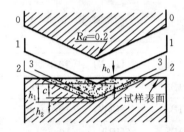

图 2-7　洛氏硬度测试原理示意图

从 0—0 到 1—1 位置，即压头压入试样 h_0 深度；然后在主负荷 F_1 的作用下，压头到 2—2 位置，即主负荷作用下的压痕深度为 h_1；再将主负荷 F_1 卸除，由于材料的弹性变形的恢复，使压头升高 h_2，达 3—3 位置。这样就以主负荷作用产生实际压痕深度 c 的大小来计算硬度值。根据《金属材料洛氏硬度试验　第 1 部分：试验方法》(GB/T 230.1—2009)规定，以 0.002 mm 作为一个洛氏硬度值的单位。由于洛氏硬度实验时压头种类不同和主负荷大小不同，洛氏硬度常用的有三个标尺，如表 2-4 所示。三种标尺的计算方法为

$$HRA \text{ 或 } HRC = 100 - \frac{h_1 - h_2}{0.002} = 100 - \frac{c}{0.002}$$

$$HRB = 130 - \frac{h_1 - h_2}{0.002} = 130 - \frac{c}{0.002}$$

表 2-4　洛氏硬度测试规范选择

标　尺	测量范围	初负荷 F_0/kgf（N）	主负荷 F_1/kgf（N）	压头类型	表盘刻度
HRA	60～80	10（98.1）	50（490.3）	金刚石圆锥体	黑色
HRB	20～100	10（98.1）	90（882.6）	钢球	红色
HRC	20～67	10（98.1）	140（1 373）	金刚石圆锥体	黑色

　　洛氏硬度值用符号 HR 表示，符号后面的字母表示所使用的标尺、字母后面的数字表示硬度值。例如 45HRC 表示用 C 标尺测试的洛氏硬度值为 45。三种洛氏硬度值之间无直接关系，只能通过实验测定的换算表进行相对比较。

　　当用 HRC 测定金属材料的硬度值小于 20HRC 时，其数值的误差较大，就要改用 HRB 或布氏硬度测量。因为这时圆锥体压入金属材料过深而失去其灵敏性。在测量硬质合金的硬度时，一般不宜于用 C 标尺。因为 C 标尺的负荷较大，可能会导致硬质合金崩裂和严重影响金刚石压头的使用寿命。B 标尺一般用于测试硬度较低的金属材料（如铜合金、铝合金、退火钢材和铸铁等）。

　　如果对圆柱面或球形表面进行洛氏硬度测试时，由于压痕周围阻力减少，硬度值会偏低，可根据国标 GB/T 230.1—2009 的附录进行校正。

　　洛氏硬度测试法是最常用的一种硬度测试法。因为它操作简便，可以直接从指示表中读出硬度值；其压痕较小，不影响零件测试后的使用；由于洛氏硬度测试时有一个初负荷，故对测试件的表面质量要求较低。用洛氏硬度测试法测量的硬度，其精确度稍差。

　　3. 维氏硬度

　　将一个相对夹角为 136° 的金刚石正四棱锥体压头，以选定的试验力 F 压入金属材料表面，经规定保持时间后，卸除试验力，试验力除以压痕表面积所得的商即为维氏硬度值。其测试原理如图 2-8 所示。习惯上不标出硬度值的单位。

　　维氏硬度用符号 HV 表示。当试验力的单位是 kgf 时维氏硬度值的计算式为

$$HV = \frac{2F\sin(136°/2)}{d^2} = 1.854\,4\,\frac{F}{d^2}$$

　　当试验力的单位是牛顿时，维氏硬度值的计算式为

$$HV = 0.102\,\frac{2F\sin(136°/2)}{d^2} = 0.189\,1\,\frac{F}{d^2}$$

式中：F——试验力；

　　　d——压痕对角线长度。

　　当负荷 F 为已知时，测出对角线长度 d，就可计算出维氏硬度值。实际进行维氏硬度值测试时，在测出 d 值后，可从有关表中查出相应的硬度值。

　　维氏硬度值的表示方法为：符号 HV 前面为硬度值；HV 后面依次为试验力和试验力保持时间（10～15 s 不标注），例如 640HV_{30} 表示用 30 kgf（294.2 N）试验力保持 10～15 s 测定的维氏硬度值为 640；640 $HV_{30/20}$ 表示用 30 kgf（294.2 N）试验力保持 20 s 测定的维氏硬度值为 640。

　　由于压痕在几何上的相似性，维氏硬度测试法测出的硬度值实际上与所选用的负荷大小无关。在一般情况下试验力选用 5 kgf（49.03 N），10 kgf（98.07 N）、20 kgf（196.1 N）、30 kgf（294.2 N）、50 kgf（490.3 N）、100 kgf（980.7 N）。维氏硬度法选用负荷的另一个原则

是保证材料的厚度不小于压痕深度的 10 倍或不小于压痕对角线的 1.5 倍,在可能条件下,应尽量选用较大的负荷。图 2-9 所示为试验力-硬度值-试件最小厚度的关系图。

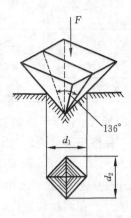
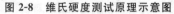

图 2-8　维氏硬度测试原理示意图

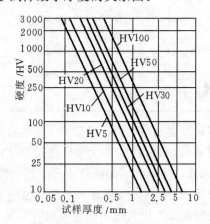

图 2-9　试验力-硬度值-试样最小厚度的关系图

维氏硬度法可测试 5~1 000 HV 硬度范围的大部金属材料硬度,还测定厚度为 0.3~0.5 mm 的试件及渗层厚为 0.03~0.05 mm 的表面处理零件。

2.2.3　实验装置及试件

1.实验装置

(1) HB-3000 型布氏硬度计和读数显微镜,其基本结构和操作参见 3.2 节。

(2) HR-150 型洛氏硬度计,其基本结构和操作参见 3.2 节。

(3) HV-120 型维氏硬度计,其基本结构和操作参见 3.2 节。

2. 用金相显微镜测量压痕对角线的长度

金相显微镜的物镜用"10×";目镜用"10×"的分划目镜,分划目镜中有玻璃分划板,分划板上刻有刻度,从目镜中观察,每一小格的实际值为 0.013 mm。

把已有压痕的试样放在金相显微镜上,找出压痕,并使目镜中的刻度线与压痕对角线相重合,读出对角线长度的格数,如图 2-10 所示为 33 格,则对角线长度为

$$33 \text{ 格} \times 0.013 \text{ mm} = 0.429 \text{ mm}$$

然后把目镜转动 90°,测出另一条对角线长度。根据两条对角线长度的算术平均值和负荷大小,在维氏硬度的换算表中查出硬度值。

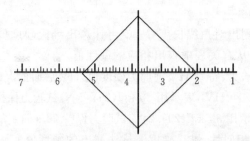

图 2-10　用显微镜中分划目镜测量压痕对角线长度

3.试样材料

试样材料的种类:20、45、T8、T12 和 Cr12 钢等五种。

材料状态:退火。

试样尺寸:$\phi60$ mm×15 mm。

2.2.4　实验步骤

(1) 每 5 人为一组,每人取一块试样。

(2) 检查、清理和磨制被测试样的表面,使其达到硬度测定时所要求的表面状态。

(3) 同一块试样,分别在洛氏(HRC、HRB)、维氏及布氏硬度计上测量其硬度值。测试时注意以下几点:

① 测试前要熟悉设备的结构和正确选择实验规范并作记录;

② 严格遵守设备的操作程序与要求,防止损坏设备;

③ 在进行布氏和维氏硬度测试时,打出压痕后立即作记号(如画圆圈等),以免出错;

④ 把实验结果数据记入实验报告的表中,并要把同组 5 个试样的硬度值都记录下来。

2.3　金属的塑性变形与再结晶实验

2.3.1　实验目的

(1) 了解冷塑性变形对金属材料的内部组织与性能的影响。

(2) 了解变形度对金属再结晶退火后晶粒大小的影响。

2.3.2　实验基本原理

金属材料在外力作用下,当应力大于弹性极限时,不但会产生弹性变形,而且会产生塑性变形。塑性变形的结果,不仅改变金属的外形和尺寸,而且也改变金属内部的组织和性能。

在冷塑性变形的过程中,随着变形程度的增大,原来的等轴晶粒沿变形方向逐渐伸长。当变形程度很大时,各晶粒伸长得很难辨别,而呈现如纤维状的条纹,称为纤维组织,如图 2-11 所示。纤维组织的形成会使金属呈现各向异性。随着冷塑性变形程度的增大,金属内部的亚晶(即晶粒"碎化")增多,加上滑移面转动趋向硬位向和位错密度增加等原因,金属的强度和硬度升高,塑性和韧度下降,这种现象称为加工硬化。冷变形度增大,加工硬化现象也愈大,如图 2-12 所示。

加工硬化后的金属其内能升高,处于不稳定的状态,并有向稳定状态转变的自发趋势。由于低温时原子的活动能力小,这种转变难以进行。如果对冷塑性变形后的金属进行加热,使金属内的原子活动能力增大,随着加热温度的逐步升高,金属内部依次发生回复、再结晶和晶粒长大三个阶段。

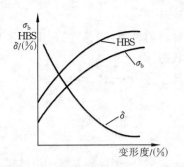

图 2-11　10 钢变形后的显微组织　　　　图 2-12　金属材料的强度、硬度与塑性
　　　　　　　　　　　　　　　　　　　　　　随冷变形度变化示意图

回复是指经冷塑性变形后的金属,在加热温度不高时,金属的机械和物理化学性能得到部分的改变,而内部组织没有明显的变化。

再结晶是指经冷塑性变形后的金属,进一步加热到一定温度时,金属内部重新形成晶核和随后的长大,使冷变形金属的纤维组织转变为细小的等轴晶粒,其性能也基本回复到冷塑性变形前的水平。

随着加热温度的进一步提高,再结晶后的细小等轴晶粒将逐步发生、长大。

冷塑性变形金属材料的再结晶现象是在一定的温度范围内进行的。冷塑性变形金属材料的再结晶温度是指再结晶开始时的温度。金属材料的再结晶温度与金属的熔点、成分、纯度和预先的冷变形程度有关。

金属的熔点较高,材料内部原子间的结合力较强,再结晶温度就较高;金属的熔点较低,材料内部原子间的结合力较弱,再结晶的温度也就较低。

金属预先的冷变形度增大,材料内部晶粒破碎程度和位错密度也增加,其再结晶温度也随着降低。当变形增大到一定程度后,金属的再结晶温度将趋于某一最低极限值,称为"最低再结晶温度",用 $T_{再}$ 表示。各种纯金属的最低再结晶温度与其熔点间大致有如下关系,即

$$T_{再} \approx 0.4\, T_{熔}$$

注意:该温度为热力学温度(K)。

金属中存在的微量杂质一般会使再结晶温度升高。同时金属中合金元素的存在,也会改变再结晶温度。

冷塑性变形金属经再结晶退火后的晶粒大小,不仅与再结晶退火时的加热温度有关,而且与再结晶退火前预先冷变形程度有关。

当变形度很小时,由于金属内部晶粒的变形也很小,故晶格畸变也小,晶粒的破碎与位错密度增加甚微,不足以引起再结晶现象的发生,故晶粒大小不变。当变形度在 2%～10% 范围内时,由于多晶体变形的特点,金属内各个晶粒的变形极不均匀(即只有少量晶粒进行变形),再结晶时晶核的形成数量很少,且晶粒极易相互并吞长大,形成较粗大的晶粒,这样的变形度称为临界变形度。大于临界变形度后,随着变形量的增大,金属的各个晶粒的变形逐步均匀化,晶粒破碎程度与位错密度也随着增加,再结晶时晶核形成的数量也增多,所以再结晶退火后晶粒较细小而均匀。

在实际生产中,为使金属材料具有良好的力学性能,希望获得较细小的晶粒组织。所以冷塑性变形时,应尽量避免在临界变形度下进行变形,而采用较大的变形度。临界变形度的大小,因金属的本性及纯度而异。一般钢的临界变形度为 7%～15%,铝为 2%～4%。

为了观察再结晶退火后铝片的晶粒大小,必须把退火后的铝片放入一定介质中进行浸蚀,由于各个晶粒内原子排列的位向不同,对浸蚀剂的腐蚀不同,因而亮暗程度不同,就能观察到铝片内的晶粒。

2.3.3 实验装置及试件

1. 工业纯铝片

实验用 0.5 mm 厚的工业纯铝片,其尺寸如图 2-13 所示。要求铝片平直、表面光洁。

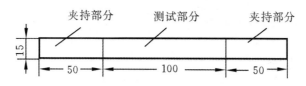

图 2-13 铝片试样的尺寸

2. 铝片拉伸机及其操作

图 2-14 所示为铝片拉伸机的结构示意图。实验用的工业纯铝片两头分别被压紧,手柄 14 与丝杆 1 连接在一起,丝杆上有一只螺母与滑块 10 固定在一起。当转动手柄时,丝杆也随着转动,螺杆上的螺母与滑块沿导轨 7 移动,当滑块与螺母向右移动时,就把铝片拉长,拉长的数值从标尺 8 上读出。铝片拉伸实验的操作步骤如下。

(1) 逆时针方向转动手柄 14,使滑块移动至少 10 mm 以内。

(2) 把螺帽 5、12 拧松,并把压块 4、11 提起,铝片从手柄一头伸入滑块 10 与压板 11 之间,伸出后一直穿过压板 4 和固定块 3 之间,直到能看见铝片为止,然后放下压板 4、11。

(3) 用手把螺帽 5 拧紧,然后顺时针方向转动手柄 14,使滑块上的指针对准 110 mm 处,这就使铝片拉伸前的原始长度为 100 mm。

(4) 先用手把压板 11 上面的螺帽 12 拧紧,然后用扳手把螺帽 5、12 扳紧,这样拉伸时可防止铝片和压板产生滑动。

(5) 用手压住拉伸机顺时针方向缓慢转动手柄 14,使铝片慢慢伸长,拉伸到预定值(从指针处观察到)停止转动,拧松螺帽 5、12,抬起压板 4、11,从压板的一头取出铝片。

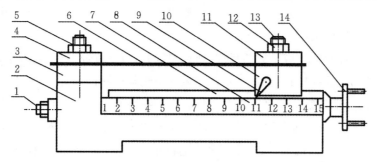

图 2-14 铝片拉伸机示意图

1—丝杆;2—机座;3—固定块;4、11—压板;5、12—螺帽;6—铝片;
7—导轨;8—标尺;9—指针;10—滑块;13—螺丝;14—手柄

3. 浸蚀剂

因试样为工业纯铝,所以用的浸蚀剂为:15％HF＋45％HCl＋15％HNO₃＋25％H₂O组成的混合酸。

4. 其他器材

(1) 4×型金相显微镜。

(2) HV—120型维氏硬度计。

(3) 2 kW小型实验用箱式炉。

(4) 其他实验工具。

(5) 钢皮尺、划针、扳手、放大镜等。

2.3.4　实验步骤

(1) 每组3～5人,取铝片7片。注意必须保持铝片的平直,不使其弯曲。

(2) 在铝片拉伸机上分别将铝片拉伸变形2％、3％、4％、6％、9％、12％和15％。

铝片拉伸变形过程中应注意:

① 铝片要始终保持平直,放入与取出都要从一端慢慢移动;

② 螺帽压紧时不要太紧和太松,太紧会使铝片压紧处断裂、太松时会产生相对滑动;

③ 手柄转动时用力要均匀和缓慢;

④ 100 mm的原始长度要正确,一定要使滑块移到小于110 mm后,再移至110 mm处,不能在滑块大于110 mm时移到110 mm处,因为螺丝与螺母间有一定间隙;

⑤ 拉伸试片取出后,立即用划针在铝片两头写上变形值的大小。

(3) 测量硬度　在HV—120维氏硬度计上测量原始材料和不同变形度铝片的硬度值,并记录下来。

由于铝片较薄、较软,应选用较小的负荷(5 kgf)进行测量。

(4) 进行再结晶退火　把各种变形度的一组铝片,用细铁丝扎好后放入600 ℃的炉子中加热,并保温15 min,然后取出于空气中冷却。

(5) 浸蚀　将冷却后的铝片逐个放入混合酸中浸蚀几到几十秒,立即取出用水冲洗干净,则在铝片上能显示出再结晶后的晶粒。

① 由于铝与浸蚀剂的反应是放热反应,所以浸蚀时,应把浸蚀剂连容器放入冷水中冷却。

② 因浸蚀剂的腐蚀性较强,要注意室内通风和防止与皮肤接触。

(6) 计算不同变形度铝片的晶粒数及晶粒大小　在小于6％变形度的铝片上,用铅笔画出500 mm²(50 mm×10 mm)面积的方框,变形度在9％以上画出100 mm²(10 mm×10 mm)面积的方框,分别数出方框内的晶粒数(变形度大的可用放大镜),并计算出不同变形度的晶粒大小。把数据记录下来。

(7) 用金相显微镜观察铝片经冷拉后的纤维组织,并画出其示意图。

(8) 测试不同塑性变形度下铝片的硬度。汇总本组人员足够的测试数据,绘出不同塑性变形度与再结晶退火后的晶粒度之间的关系曲线,并说明之。

2.4　铁碳合金平衡组织的显微分析实验

2.4.1　实验目的

(1) 熟悉室温下碳钢与白口铸铁平衡状态下的显微组织,明确成分-组织之间的关系。
(2) 进一步熟悉金相显微镜的操作。

2.4.2　实验基本原理

铁碳合金是工业上常用的金属材料,Fe-Fe$_3$C 状态图是分析与研究碳钢与白口铸铁的重要工具。所谓碳钢是指碳含量低于 2.11% 的铁碳合金;碳含量高于 2.11% 的铁碳合金(其中碳全部或绝大部分以渗碳体形式存在)称为白口铸铁。

碳钢与白口铸铁在室温下,其平衡状态下组织中的基本组成相均为铁素体与渗碳体。

但是由于碳含量及处理不同,它们的数量、分布及形态有很大不同,因此在金相显微镜下观察不同铁碳合金,其显微组织也就有很大差异。

1. 工业纯铁的显微组织(退火态)

碳含量低于 0.02% 的铁碳合金称为工业纯铁。碳含量低于 0.006% 的工业纯铁的显微组织为单相铁素体;碳含量高于 0.006% 的工业纯铁的显微组织为铁素体和极少量的三次渗碳体。其显微组织如图 2-15 所示(浸蚀剂为 4% 的硝酸酒精溶液),图中白色的不规则多边形为铁素体晶粒;黑色的条纹为晶界,三次渗碳体在铁素体晶界上呈条状或短杆状(是由铁素体中析出的)。工业纯铁若用冷饱和的硫代硫酸钠与焦亚硫酸钾溶液的浸蚀剂着色浸蚀,铁素体晶粒因位向不同而着成多种色彩,三次渗碳体呈白色。

2. 碳钢的显微组织(退火态)

根据碳含量的不同,碳钢可分为亚共析钢、共析钢和过共析钢三类,其显微组织的特征简介如下。

1) 共析钢的显微组织特征

碳含量为 0.77% 的铁碳合金称为共析钢;其显微组织为片状渗碳体分布于铁素体基体上的机械混合物——珠光体;铁素体与渗碳体的质量比约为 7.3∶1,所以渗碳体片较薄。珠光体组织在 4% 硝酸酒精溶液的浸蚀下的显微组织的示意图如图 2-3 所示。在放大倍数不是很高时,渗碳体片两侧的相界已无法分辨,而呈黑色条状,如图 2-16 所示。如果放大倍数很低,或片层较细时,渗碳体和铁素体片都无法分辨,整个珠光体组织呈暗黑色,如图 2-17 中的黑色部分。

2) 亚共析钢的显微组织特征

碳含量低于 0.77% 的铁碳合金称为亚共析钢,根据 Fe-Fe$_3$C 状态图可知,其组织是先共析铁素体和珠光体。用 4% 硝酸酒精溶液浸蚀后,在放大倍数不大(<400×)的金相显微镜下观察,先共析铁素体呈白亮色,珠光体呈黑色。图 2-17 所示为 45 钢的显微组织。不同碳含量

的亚共析钢的显微组织,差别在于铁素体和珠光体量不同(即白色部分和黑色部分的比例不同),随碳含量的增加,铁素体逐渐减少,珠光体不断增多。可以根据白色和黑色部分的比例,估算出钢的碳含量。

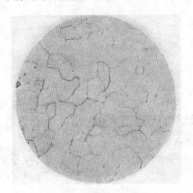

材 料:工业纯铁
状 态:退火
浸蚀剂:4%硝酸酒精溶液
放大倍数:200×
金相组织:铁素体

图 2-15 工业纯铁的显微组织

材 料:T8 钢
状 态:退火
浸蚀剂:4%硝酸酒精溶液
放大倍数:500×
金相组织:片状珠光体

图 2-16 共析钢的显微组织

3) 过共析钢的显微组织特征

碳含量在 0.77%～2.11%之间的铁碳合金称为过共析钢,大多数碳素工具钢即为过共析钢。根据铁碳状态图可知,过共析钢的组织为先共析渗碳体(也称二次渗碳体)和珠光体。由碳含量高于 0.77%的奥氏体在缓冷时,从中析出的渗碳体分布于奥氏体的晶界上,以后奥氏体共析转变为珠光体。所以二次渗碳体是以网状的形式分布于珠光体周围,随碳含量增加,二次渗碳体的网络状逐渐完整并加厚。图 2-18 所示为碳含量为 1.2%的碳素工具钢,用 4%硝酸酒精溶液浸蚀后的显微组织,图中白色的网络为二次渗碳体,暗黑色块状或层片状的部分是珠光体。如果这种组织改用煮沸的碱性苦味酸水溶液浸蚀,则组织中的渗碳体被染成暗黑色,而铁素体仍为白亮色。

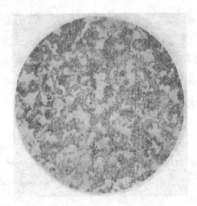

材 料:45 钢
状 态:退火
浸蚀剂:4%硝酸酒精溶液
放大倍数:200×
金相组织:铁素体+珠光体

图 2-17 45 钢的显微组织

3. 白口铸铁的显微组织特征

由于这种铸铁中只含渗碳体相,不含石墨,故断口呈白亮色。

1) 共晶白口铸铁

碳含量为 4.3%的铁碳合金称为共晶白口铸铁。室温下其组织为珠光体和渗碳体的机械混合物——莱氏体。图 2-19 所示为共晶白口铸铁用 4%硝酸酒精溶液浸蚀后的显微组织,其中白亮的基体为渗碳体,黯黑色的细小颗粒或条状为珠光体。

材　料：T12 钢
状　态：退　火
浸蚀剂：4％硝酸酒精溶液
放大倍数：200×
金相组织：珠光体＋二次渗碳体

图 2-18　过共析钢的显微组织

材　料：共晶白口铸铁
状　态：铸　造
浸蚀剂：4％硝酸酒精溶液
放大倍数：200×
金相组织：莱氏体

图 2-19　共晶白口铸铁的显微组织

2）亚共晶白口铸铁

碳含量在 2.11％～4.3％之间的铁碳合金称为亚共晶白口铸铁。该成分的液态合金在冷却过程中先结晶出奥氏体（呈树枝状特征），然后发生共晶转变形成莱氏体（由奥氏体和渗碳体组成）。因此结晶完成后的组织为奥氏体和渗碳体。在继续冷却过程中奥氏体不断析出二次渗碳体（包围在奥氏体周围成网状），然后奥氏体发生共析转变形成珠光体；而莱氏体中的奥氏体也要析出二次渗碳体（它和共晶渗碳体混在一起，不易分辨），奥氏体在一定温度发生共析转变而形成珠光体，故这时莱氏体是由珠光体和渗碳体所组成。在室温下亚共晶白口铸铁的组织由珠光体和二次渗碳体与莱氏体所组成。图 2-20 所示为用 4％硝酸酒精溶液浸蚀后的亚共晶白口铸铁的显微组织。图中黫黑色呈树枝状分布的部分珠光体；珠光体外部呈白色网状分布的二次渗碳体；白色基体上分布着细黫黑颗粒或条状的部分为莱氏体。

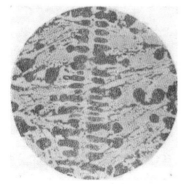

材　料：亚共晶白口铸铁
状　态：铸　造
浸蚀剂：4％硝酸酒精溶液
放大倍数：200×
金相组织：莱氏体＋树枝状珠光体、二次渗碳体

图 2-20　亚共晶白口铸铁的显微组织

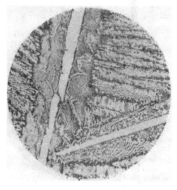

材　料：过共晶白口铸铁
状　态：铸　造
浸蚀剂：4％硝酸酒精溶液
放大倍数：200×
金相组织：莱氏体＋一次渗碳体

图 2-21　过共晶白口铸铁的显微组织

3) 过共晶白口铸铁

碳含量在 4.30%～6.69% 之间的铁碳合金称为过共晶白口铸铁。图 2-21 所示为用 4% 硝酸酒精溶液浸蚀后过共晶白口铸铁的显微组织。图中白色长条状为一次渗碳体(由液态合金中结晶出来的),图中白色基体与黯黑颗粒的混合物为莱氏体。

2.4.3　实验装置与试样

(1) 金相显微镜。
(2) 碳钢和白口铸铁平衡组织金相试样一套。
(3) 金相图谱。

2.4.4　实验步骤

(1) 每人领取金相试样一套和金相图谱一本。
(2) 仔细观察每个金相试样的显微组织特征。
(3) 分别画出 20、45、T8、T12 钢和亚共晶白口铸铁的显微组织。注意:
① 所画的组织要有代表性;
② 组织中组成物的大小与放大倍数相一致,其数量与合金成分相符合;
③ 用指引线指明组织组成物的名称。

2.5　常用铸铁的显微分析实验

2.5.1　实验目的

(1) 了解常用铸铁的石墨化过程及其组织的形成。
(2) 了解和鉴别常用铸铁的显微组织特征。

2.5.2　实验基本原理

这里分析的铸铁是碳含量高于 2.11% 的铁碳合金,且所含的碳部分或大部分以游离状——石墨的形态存在(碳以渗碳体形式存在的情况,已于 2.4 节分析过)。

铸铁中的碳主要是 Fe_3C 还是石墨形态存在,取决于铸铁的化学成分和冷却速度。当铸铁中碳含量较高或促进石墨化元素(如 Cu、Ni、Si 和 Al 等)较多、且冷却速度较缓慢时,碳将主要以石墨化的形态存在于合金中(其中主要是碳与硅这两种元素);当碳含量较低、阻碍石墨化元素(如 W、Mn、S 和 Cr 等)较多时,且冷却速度较快时,碳将主要以 Fe_3C 的形态存在于合金中。这里的冷却速度是指从液态合金开始结晶的温度到共析转变的温度这个范围内的冷却速度。

　　白口铸铁中由于含有较多的渗碳体,所以性能是硬而脆,在工业上应用较少。工业上主要应用含有一定数量石墨的铸铁,它不仅有一定的强度,而且切削加工性能好、耐磨性好,并具有优良的减振性。根据石墨的形态不同,含石墨的铸铁可分为灰铸铁、球墨铸铁、可锻铸铁和蠕墨铸铁等多种。

　　1. 灰铸铁

　　石墨以片状形态存在的铸铁称为灰铸铁。其基体组织有三种:铁素体、珠光体加铁素体、珠光体。图 2-22 所示为其用 4%硝酸酒精溶液浸蚀后的显微组织(仅仅为观察石墨形态,可抛光后直接观察,不需进行浸蚀)。与金属基体相比,石墨一般不被腐蚀且较疏松,故在金相显微镜下观察为黯黑色的片状。由图可看出,铁素体基体的灰铸铁组织,相当于工业纯铁的组织中分布着片状石墨;珠光体基体灰铸铁的组织相当于碳含量为 0.77%共析钢组织中分布着片状石墨;珠光体加铁素体基体的灰铸铁是最常用的灰铸铁,白色的铁素体大多出现在片状石墨周围。

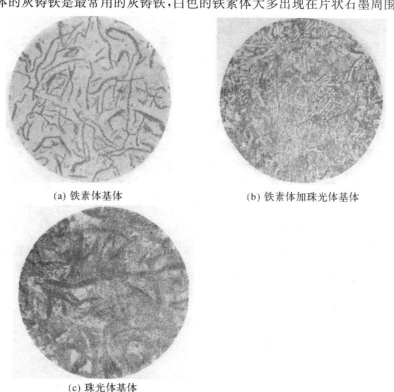

(a) 铁素体基体　　　　　　　　(b) 铁素体加珠光体基体

(c) 珠光体基体

图 2-22　灰铸铁的显微组织

　　石墨片愈粗大、数量愈多、愈直、两头愈尖,则灰铸铁的性能就愈差。石墨的大小和数量与碳、硅含量有关。碳、硅含量愈高,则石墨愈粗大,且数量多。通过孕育处理可使石墨片变得细小,这种铸铁称为孕育铸铁或高强度铸铁。片状石墨一般是由液态合金中直接析出,有时也可通过石墨化退火获得。

　　基体组织的种类,一般可通过调整化学成分和冷却速度来获得。以珠光体为基体的灰铸铁由液态合金直接浇注获得比较困难,一般通过正火处理来获得。

　　2. 球墨铸铁

　　石墨呈球状形态存在的铸铁称为球墨铸铁。球墨铸铁的基体也有三种:铁素体、铁素体加珠光体、珠光体。图 2-23 所示为铁素体和珠光体基体的球墨铸铁用 4%硝酸酒精溶液浸蚀后的显微组织,图中黯黑色的球即为球状石墨,球状石墨周围的白色部分为铁素体,其余灰黑色部分为珠光体。

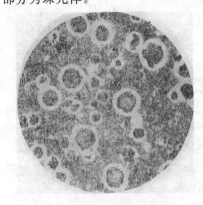

图 2-23 铁素体加珠光体基体的球墨铸铁的显微组织

石墨呈球状,对金属基体的割裂作用较小,不仅使铸铁的强度提高,而且塑性和韧度也有较大改善,其综合力学性能可接近于中碳钢的水平,是诸种铸铁中性能最好的,所以球墨铸铁是一种优质铸铁。但要获得球状石墨较困难,要用专门装备进行处理。它是在浇注前,在一定成分的液态合金中加入一定量的球化剂(常用镁或稀土镁合金)和墨化剂(常用硅铁),使石墨结晶成球状。

球墨铸铁与钢一样,可进行多种热处理,以进一步改善和提高性能,故应用广泛,已经代替部分碳钢来制造较重要的零件。

球墨铸铁的牌号用"QT"后面加两组数字来表示。前一组三位数表示抗拉强度(单位为 MN/m^2);后一组两位数表示伸长率。

3. 可锻铸铁

石墨呈团絮状的铸铁称为可锻铸铁。其基体组织有铁素体与珠光体两种。图 2-24 所示为铁素体基体的可锻铸铁经 4% 硝酸酒精溶液浸蚀后的显微组织。图中黯黑色的团絮状即为石墨;白色部分为铁素体。目前我国主要使用的可锻铸铁其基体是铁素体。

可锻铸铁中团絮状石墨获得方法与前两种铸铁不同。它是将一定成分的液态合金先浇注成白口铸铁,再经过可锻化石墨退火处理,使渗碳体分解而形成团絮状石墨,用控制石墨化的程度,来获得铁素体或珠光体基体。

可锻铸铁的牌号是 KTH(铁素体基体)或 KTZ(珠光体基体)后面加两组数字来表示。前面一组三位数表示抗拉强度(单位为 MN/m^2);后面一组两位数为伸长率。

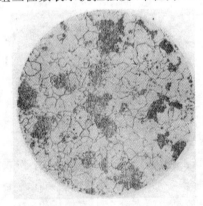

图 2-24 铁素体基体可锻铸铁的显微组织

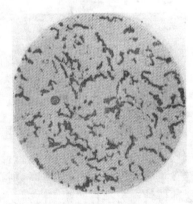

图 2-25 铁素体基体的蠕墨铸铁

4. 蠕虫状石墨铸铁(简称蠕墨铸铁)

这种铸铁的石墨形态是介于片状和球状之间,呈蠕虫状分布。图 2-25 所示为铁素体基体的蠕墨铸铁经 4% 硝酸酒精溶液浸蚀后的显微组织。由图中可见,蠕虫状石墨看起来像片状,但其片短而厚,且端部较圆,一般常常有少量球状石墨存在。

蠕虫状石墨是在一定成分的液态合金中,在浇注前加入一定量的稀土硅铁,使石墨结晶成蠕虫状。

蠕墨铸铁的强度比灰铸铁高,铸造性能比球墨铸铁好,铸造工艺简单方便,其成品率又高,所以蠕墨铸铁正在引起各方面的重视。

2.5.3　实验装置与试样

(1) 金相显微镜。
(2) 金相图谱。
(3) 金相试样一套。

2.5.4　实验步骤

(1) 每人领取金相试样一套和金相图谱一本。
(2) 仔细观察每个金相试样的显微组织特征。
(3) 分别画出灰铸铁、球墨铸铁与可锻铸铁的显微组织。注意:
① 所画的组织要有代表性;
② 组织中组成物的大小与放大倍数相一致,其数量与合金成分相符合;
③ 要用指引线指明组织组成物的名称。

2.6　钢的普通热处理实验

2.6.1　实验目的

(1) 了解普通热处理的设备及操作方法。
(2) 深入理解钢的成分(如碳含量、合金元素等)、加热温度和冷却速度对淬火后钢性能的影响。
(3) 深入理解不同回火温度对钢的性能的影响。

2.6.2　实验基本原理

热处理是通过加热、保温、冷却的三个过程,使钢的内部组织发生变化,以获得所需要性能的一种加工工艺。由于加热温度、冷却速度和处理目的不同,钢的热处理种类很多,其中常用的普通热处理方法有淬火、回火、退火和正火等。

钢经热处理后的性能取决于处理后的组织,热处理后的组织又取决于钢的成分、加热温度和冷却速度。

1. 加热温度的确定(淬火、正火和退火)

碳钢的淬火、正火、完全退火和不完全退火的正常加热温度如图 2-26 所示。由图可见,钢的碳含量不同,其加热温度不同;不同的热处理方法,其加热温度也不同。正火都需加热到临界温度(A_{C3}和A_{CCm})以上 30～50 ℃,使钢达到奥氏体状态;亚共析钢的淬火与完全退火温度为 A_{C3} 以上 30～50 ℃,使钢的组织完全奥氏体化;共析与过共析钢的淬火和不完全退火温度为 A_{C1} 以上 30～50 ℃,这时钢的组织为奥氏体和渗碳体。加热温度过低,相变不能完全,如亚共析钢加热到 A_{C1} 与 A_{C3} 之间,存在着未熔铁素体(其硬度较低);加热温度低于 A_{C1} 以下,则不发生相变。加热温度过高,将造成奥氏体晶粒粗化(冷却后的组织也粗大),氧化脱碳严重,淬火后残余奥氏体数量增加(使淬火后钢的硬度降低)。

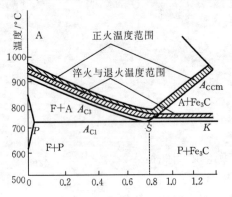

图 2-26 碳钢加热温度的选择范围

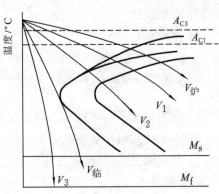

图 2-27   45 钢不同冷却速度示意图

合金钢的加热温度一般比相同碳含量的碳钢高(除含 Mn 的合金钢外)。一方面合金元素能提高 A_{C1} 的温度;另一方面合金元素扩散速度较慢。为促使合金元素溶入奥氏体中,需提高加热温度。

2. 冷却速度

经正常加热,并用不同速度冷却后,钢的性能就不同。因为冷却速度不同,所获得的组织不同,这可根据钢的 C 曲线来确定。图 2-27 所示为 45 钢经 860 ℃加热后,用不同冷速冷却后的组织。V_1 相当于空冷,获得的组织为铁素体和索氏体,V_2 相当于油冷,获得的组织为屈氏体和极少数铁素体,V_3 相当于水冷(即已大于临界冷却速度),获得的组织为淬火马氏体(板条和片状马氏体混合物)和极少量残余奥氏体。

索氏体和屈氏体都是铁素体与片状渗碳体的机械混合物,不同的是它们的层片间距比珠光体小,屈氏体中层片间距又比索氏体小,故其硬度的关系是:屈氏体＞索氏体＞珠光体。马氏体是碳(也可以是其他合金元素)在体心立方体中的过饱和固溶体,因此它的硬度比前几种组织都高,而且随着过饱和程度的增加,其硬度也增高。所以经正常加热并大于临界速度冷却后,马氏体的硬度取决于碳含量(马氏体的碳含量和加热时奥氏体的碳含量基本相同)。碳钢经正常淬火后的硬度如图 2-28 所示。从图中看出,开始随碳含量的增加,淬火后钢的硬度提高较多,碳含量超过 0.6％以后硬度的增加逐渐减慢。

在相同冷却速度下,相同碳含量的合金钢比碳钢的硬度大。这是由于合金元素使 C 曲线右移的结果。有些高合金钢甚至在空气中冷却,就能获得淬火马氏体组织。

3. 回火温度对钢的性能的影响

图 2-29 所示为回火温度与回火后钢的硬度关系曲线。钢经正常淬火后,必须进行及时回火。因在淬火中急冷时产生较大内应力和淬火马氏体本身较脆,故不能直接使用。通过回火,一方面可消除内应力而提高钢的韧度,更重要的是通过不同温度回火,使淬火组织发生转变,

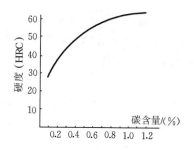

图 2-28　碳钢淬火后的硬度与含碳量关系示意图

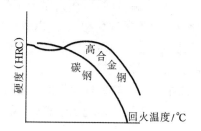

图 2-29　碳钢回火后的硬度与回火温度的关系示意图

从而获得不同的回火组织,以达到钢的预期性能要求。

碳钢在 250 ℃ 以下回火时,淬火组织中只有淬火马氏体转变为回火马氏体(是微饱和的 α-固溶体和与其有共格关系的 ε-碳化物的混合物),其他组成物不发生变化,故钢基本上保持淬火态的硬度。

当回火温度升高到 $350\sim500℃$ 时,淬火马氏体和残余奥氏体都分解为回火屈氏体组织(是铁素体和极细颗粒渗碳体的机械混合物),因此钢的硬度下降。当回火温度进一步提高,渗碳体颗粒发生长大,得到铁素体和较细颗粒渗碳体的机械混合物——回火索氏体组织,钢的硬度进一步下降。当回火温度为 $650℃\sim A_{r1}$ 时,渗碳体颗粒继续长大,形成球状珠光体,钢的硬度比回火索氏体硬度还要低。

合金钢(特别是高合金钢)回火时,其硬度下降的趋势比碳钢慢,亦即在相同回火温度下,合金钢的硬度比碳钢高。这是由于含有合金元素的淬火马氏体和残余奥氏体较稳定,要达到更高温度时才能分解;另一方面合金钢中往往有合金碳化物或特殊碳化物存在,它们聚集长大的倾向较小。

2.6.3　实验装置与试样

(1) 加热炉与温度控制仪。

(2) 冷却水槽与油槽。

(3) 洛氏硬度计。

(4) 不同碳含量的碳钢和合金钢试样若干。

(5) 钳子、钩子、铁丝、砂皮纸等。

2.6.4　实验步骤

(1) 每人领取热处理试样一块。

(2) 在洛氏硬度计上测量试样的原始硬度值(根据硬度不同选用 HRC 和 HRB)。

(3) 按规定的加热温度和冷却方法进行热处理。步骤如下:

① 将试样放入炉中加热前,先测量试样的最小厚度或直径,然后用铁丝把试样扎紧,并扎一个小环(便于用钳子或钩子放进或取出试样);

② 把试样放入预定温度的炉子中加热并保温。保温时间:碳钢按 1 min/mm、合金钢按 1.2 min/mm 来计算(试样一放入炉中就开始计时);

③ 当达到保温时间后,用夹钳把试样从炉子中取出,并迅速放入规定的介质(如水、油或空气)中冷却(要不断地移动试样,以使其冷却均匀,同时试样也不能露出水、油液的表面);

④ 若是进行回火,则在规定温度的炉中保温 20 min(按要求应保温 60~90 min,因实验时间不够而缩短)后取出空冷;

(4) 测量经不同热处理后钢的硬度(测量前用砂皮纸清除试样表面的氧化层和脱碳层);

(5) 把所有实验数据记录于表中(每人都需把所有数据抄下,以便进行分析)。

▮ 2.7 钢的淬透性测定实验

2.7.1 实验目的

(1) 学会用末端淬火装置测定钢的淬透性曲线。

(2) 比较和测定 45 钢与 40Cr 钢的淬透性。

2.7.2 实验基本原理

钢的淬透性是指钢经奥氏体化后接受淬火的能力(即获得马氏体组织的能力)。它是钢的一种热处理工艺性能。钢的淬透性大小通常以一定冷却条件下得到的淬硬层深度(即由表面至组织中50%马氏体和50%非马氏体组织处的距离)来表示,淬硬层愈深,表示钢的淬透性愈好。

不同的钢种,其淬透性不同。因此,淬透性是零件选用钢种的重要依据之一。了解各种钢的淬透性大小和测定钢的淬透性是很重要的。测定钢的淬透性方法通常有末端淬火法、断口法和临界直径法。其中结构钢常用末端淬火法来测定钢的淬透性(GB/T 225—2006)。

把一定大小和形状的标准试样加热到规定温度,然后在末端淬火装置中冷却(见图2-30)。由于试样大小一定($\phi 25$ mm×100 mm),喷水水管大小一定(内孔 $\phi 12.5$ mm),水柱自由高度一定(65 mm±5 mm),这样喷出的水量一定,在规定水温下,就使冷却条件恒定。这些条件对所有钢种都一样。由于冷却从试样末端进行,所以整个圆柱体沿长度方向从末端起冷却速度逐渐减小,如图 2-31 所示。在试样上冷却速度大于临界冷却速度的部分,主要获得马氏体组织。随着冷却速度的减小,依次获得马氏体+屈氏体、屈氏体、屈氏体+索氏体等一系列组织。试样末端淬火后的硬度也随距末端距离而变化。图 2-31 所示的曲线,称为钢的淬透性曲线。根据淬透性曲线就可确定钢的淬透性大小。图 2-32 所示为淬火工件截面上组织与硬度的分布,从图中可以知道,半马氏体区的硬度变化非常显著,在经过浸蚀的断面上能够观察到明显的分界线,比较容易测试。

根据 GB/T 225—2006 规定,钢的淬透性值可用 $J\dfrac{HRC}{d}$ 表示。其中:J 表示末端淬透性;d 表示至末端的距离;HRC 为该处测得的硬度值。例如,图 2-32 所示的 45 钢半马氏体硬度为 42 HRC,至末端距离为 3.5 mm,可写成 $J\dfrac{42}{3.5}$。

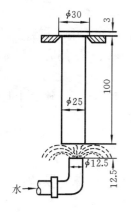

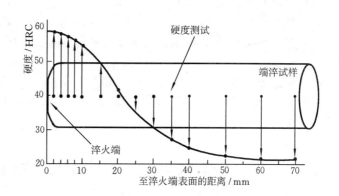

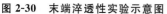

图 2-30　末端淬透性实验示意图　　　　　图 2-31　钢的端部淬透曲线示例

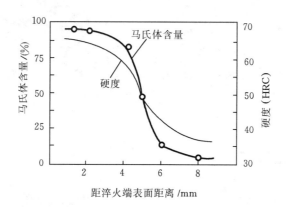

图 2-32　淬火工件截面上组织与硬度的分布

应指出,钢的淬透性与淬硬性是两个完全不同的概念。淬硬性是指钢经淬火后能达到的最高硬度,它主要取决于马氏体中的碳含量。

2.7.3　实验装置与试样

(1) 末端淬火装置。

(2) 加热炉及控温仪表。

(3) 洛氏硬度计。

(4) 40Cr 钢的淬透性试样。

(5) 钳子、砂皮纸等。

2.7.4　实验步骤

(1) 每组 5～7 人,每组领取 45、40Cr 钢淬透性试样各 1 个。

(2) 把淬透性试样放入加热炉中加热至 860 ℃,并保温 30 min。

(3) 在试样保温期间,先熟悉末端淬火装置及操作,并把自由水柱高调整到 65 mm±5 mm,把搁试样的架子用水洗干净。

(4) 当到达保温时间后,用钳子夹牢试样,并迅速、平稳地放入末端淬火装置中冷却。喷水冷却时间≥11 min,冷却过程中,喷水要平稳,水量要始终一致。

(5) 喷水冷却 11 min 后,用钳子把试样从末端淬火装置中取出,并在水中冷却到室温。

(6) 把试样擦干,用砂皮纸把试样表面氧化皮除去,然后用砂纸在试样一侧磨出 5 mm 宽的亮带。

(7) 从试样末端起,每隔 1.5 mm 用铅笔画一条横线(>10 条),然后在洛氏硬度计上测量硬度,并记录于表中。为使测量硬度值较正确,相邻两点应有一定交叉。

2.8　钢经热处理后不平衡组织的显微分析实验

2.8.1　实验目的

(1) 观察碳钢经不同热处理后的显微组织,深入理解热处理工艺对钢组织与性能的影响。

(2) 熟悉碳钢的几种典型不平衡组织的形态与特征。

(3) 观察高速钢的显微组织的特征。

2.8.2　实验基本原理

碳钢经退火与正火后的显微组织基本上与 Fe-Fe$_3$C 状态图上的组织相符合,碳钢经加热后,继之以较快速度冷却后的显微组织不仅要用铁碳状态图来分析,更重要的是要根据 C 曲线(钢的过冷奥氏体等温转变曲线)进行分析。在图 2-27 中已分析过不同冷速下,45 钢所获得的组织。

1. 碳钢热处理后基本组织的金相特征

1) 碳钢退火的组织

碳钢经退火后的组织是接近平衡状态下的组织,这在实验 2.4 中已观察过。但过共析钢经球化退火后获得球化体组织(F＋颗粒状 Fe$_3$C),即二次渗碳体和珠光体中的渗碳体都将呈颗粒状。图 2-33 所示为 T10 钢经球化退火后,用 4％硝酸酒精溶液浸蚀后的显微组织。图中白色基体为铁素体;白色的颗粒为渗碳体,渗碳体外面黑色的线为铁素体和渗碳体的相界线(被浸蚀呈黑色)。

2) 索氏体(S)与屈氏体(T)的显微组织

在 2.6 节中已指出索氏体和屈氏体均为铁素体与片状渗碳体的机械混合物。索氏体的层片比珠光体细密,故要放大 700 倍以上才能分辨层片组织。在一般金相显微镜的放大倍数下分辨不清,只能观察到黑色形态。图 2-34 所示为 45 钢经正火处理后,用 4％硝酸酒精溶液浸蚀后的显微组织(F＋S)。该组织与图 2-17 相比较,其晶粒较细(因冷速较大);其中白色的不规则多边形均为铁素体;图 2-17 中所示的黯黑色部分为珠光体,而图 2-34 中所示的黑色部分为索氏体。

屈氏体的层片比索氏体更细密,在一般的金相显微镜下也无法分辨,只有在电子显微镜下才能分辨其中的层片。

图 2-33　T10 钢球化退火后的显微组织——球化体

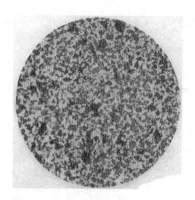
图 2-34　45 钢正火后的显微组织

3）贝氏体（B）的组织形态

贝氏体是钢在 550 ℃～M_S 温度范围内等温冷却的转变产物。贝氏体是微过饱和铁素体和渗碳体的两相混合物。根据等温温度和组织形态不同，贝氏体主要有上贝氏体和下贝氏体两种。

（1）上贝氏体　上贝氏体是钢在 550～350 ℃ 温度范围内过冷奥氏体的等温转变的产物。它是由平行排列的条状铁素体和条间断续分布的渗碳体所组成。当转变量不多时，在金相显微镜下为成束或片状的铁素体条，具有羽毛状特征。图 2-35 所示为 T8 钢 860 ℃ 加热和保温后，在 400 ℃ 等温（过冷奥氏体转变，但尚未转变结束）并水淬，经 4％硝酸酒精溶液浸蚀后的显微组织。图中成束或片状的为铁素体条，淡灰白基体为马氏体和残余奥氏体。

（2）下贝氏体　下贝氏体是钢在 350 ℃～M_S 温度范围过冷奥氏体等温转变的产物，它是在微饱和铁素体片内弥散分布着短杆状渗碳体的两相混合物。图 2-36 所示为 T8 钢经 860 ℃ 加热、300 ℃ 等温（过冷奥氏体已发生转变，尚未转变结束）后水淬，经 4％硝酸酒精溶液浸蚀后的显微组织。图中黑色的针状条纹为下贝氏体（实际是弥散碳化物与铁素体相界面被浸蚀之故）。淡灰白色部分为马氏体和残余奥氏体。

图 2-35　上贝氏体显微组织

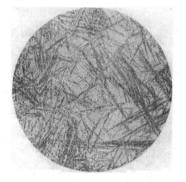
图 2-36　下贝氏体显微组织

4）淬火马氏体的组织形态

淬火马氏体的组织形态，根据马氏体中碳含量的不同，有板条状马氏体和针（或片）状马氏体两种。

图 2-37 所示为 20 钢 950 ℃ 加热水淬后，用 4％硝酸酒精溶液侵蚀后的板条状马氏体的显微组织。由图看出，其组织形态是尺寸较小的马氏体条平行排列成马氏体束，各马氏体面之间

的位向差较大。每束马氏体的平面形状像板状,故称板条状马氏体。

图 2-38 所示为 T10 钢经 1 000 ℃加热水淬后,用 4％硝酸酒精溶液浸蚀后的显微组织。图中呈浅灰色的竹叶状为针状淬火马氏体,白色部分为残余奥氏体。T10 钢经 1 000 ℃加热,温度偏高(使二次渗碳体也溶入奥氏体),奥氏体晶粒粗化,这样淬火后获得的针状马氏体片也较粗,便于在金相显微镜下观察其形态,另外也使钢淬火后残余奥氏体数量增多,容易分清淬火马氏体。实际生产中,T10 钢的加热温度为 760 ℃左右,淬火后马氏体较细小且数量较多,残余奥氏体数量也很少。这样的情况下,用金相显微镜就较难观察清楚针状马氏体的形态。

图 2-37 板条状马氏体组织   图 2-38 针状马氏体组织

5) 回火组织

钢的淬火组织主要是淬火马氏体(常有少量残余奥氏体,过共析钢还有颗粒状渗碳体)。其中淬火马氏体和残余奥氏体为不稳定组织,随回火加热温度的升高,原子的活动能力增大,促使这些组织发生转变。根据加热温度不同,分别可获得回火马氏体、回火屈氏体和回火索氏体。

淬火马氏体是含碳微过饱和的 α 固溶体和与其保持着共格关系的 ε 碳化物所组成。图 2-39 所示为 T10 钢经 1 000 ℃加热水淬,并经 180 ℃保温 1 h 回火,用 4％硝酸酒精溶液浸蚀后的显微组织。图中黯黑色的针状为回火马氏体,白色部分为残余奥氏体。图 2-40 所示为 T10 钢经 760 ℃加热水淬,并经 180 ℃保温 1 h 回火,用 4％硝酸酒精溶液浸蚀后的显微组织。图中白色的小颗粒为渗碳体,暗色部分为回火马氏体(因为此时淬火加热温度低,淬火后马氏体针较细小而且多,故回火后就分辨不清每个回火黑色的马氏体针,从而成为图中黑色的一片)和少量残余奥氏体。这种组织形态是大多数过共析碳钢和合金工具钢在使用状态(要求高硬度)下的组织形态。

2. 高速钢的显微组织

高速钢是应用广泛的一种高合金工具钢,其典型的钢种为 W18Cr4V,化学成分为 0.7％～0.8％C、3.8％～4.4％Cr、17.5％～19％W、1.0％～1.4％V。

1) 高速钢的铸态组织

虽然这种钢的碳含量只有 0.7％～0.8％,但由于含有大量的合金元素,使铁碳状态图中 E 点显著左移,致使高速钢的铸造组织中有莱氏体出现,且空冷就能硬化。图 2-41 所示为高速钢铸态,用 4％硝酸酒精溶液浸蚀后的显微组织。图中白色呈骨骼状的为碳化物,莱氏体是由骨骼状碳化物和屈氏体或马氏体所组成;图中黑色部分为屈氏体。

2) 高速钢锻造退火组织

上述的铸造组织中粗大而呈骨骼状的碳化物,不能用热处理方法消除,只能用锻造来粉

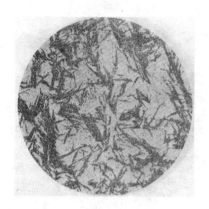

图 2-39　T10 钢 1 000 ℃水淬和 180 ℃
回火后的显微组织

图 2-40　T10 钢 760 ℃水淬和 180 ℃
回火后的显微组织

碎。图 2-42 所示为经锻造和退火后,用 4%硝酸酒精溶液浸蚀后的显微组织。图中白色的颗粒为碳化物,黯黑色基体为索氏体。

图 2-41　高速钢的铸造组织

图 2-42　高速钢锻造、退火后组织

3) 高速钢的淬火组织

高速钢经 1 270～1 280 ℃加热(以保证奥氏体充分合金化)在油或空气中冷却淬火,用 4%硝酸酒精溶液浸蚀后,其显微组织如图 2-43 所示。图中白色的不规则多边形为隐晶马氏体和残余奥氏体;白色的小颗粒为未溶碳化物。

4) 高速钢的回火组织

图 2-44 所示为经淬火的高速钢,在 560 ℃保温 1 h 的三次回火,用 4%硝酸酒精溶液浸蚀后的显微组织。图中白色的颗粒为碳化物;黑色基体为回火马氏体和少量(2%～5%)的残余奥氏体。为了使高速钢产生二次硬化和消除淬火后约 25%的残余奥氏体,必须把经淬火的高速钢在 560 ℃(因为含合金元素的淬火马氏体与残余奥氏体较稳定,必须在较高温度下回火)进行三次回火才能实现。

3. 低碳钢渗碳缓冷后的组织

有些零件(如某种齿轮)要求表面有高的硬度与耐磨性,而心部有良好的韧度。则必须用低碳钢或低碳合金钢首先经渗碳处理,提高表面的碳含量,然后通过淬火和低温回火,使零件表面有高的硬度,而心部由于碳含量低保持良好的韧度。

图 2-45 所示为 20 钢经渗碳处理缓冷后,用 4%硝酸酒精溶液浸蚀后的显微组织。左边为

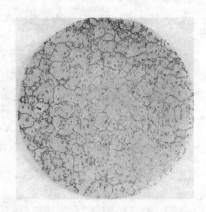

图 2-43　高速钢的淬火组织

图 2-44　高速钢的回火组织

渗碳的表层,由图看出,它是过共析钢平衡状态的组织(珠光体和二次网状渗碳体);向里为共析钢组织(珠光体);继续向里为亚共析钢组织(珠光体和铁素体);愈向里铁素体含量愈是增多,珠光体含量减少,直到 20 钢的平衡组织(其中珠光体约占 1/4)。

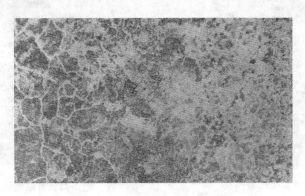

图 2-45　20 钢渗碳缓冷后的显微组织

2.8.3　实验装置与试样

(1) 金相显微镜。

(2) 金相图谱。

(3) 金相试样一套。

2.8.4　实验步骤

(1) 领取金相试样一套。

(2) 在金相显微镜下仔细观察各个试样的显微组织特征。

(3) 画出所观察到的 6 种典型的显微组织示意图,注明组织名称、热处理条件和放大倍数等,并用指引线标注组成物名称。

2.9 计算机辅助定量金相显微分析实验

2.9.1 实验目的

（1）掌握金属材料组织结构与力学性能之间的关系，能够根据材料组织判定其力学性能。

（2）掌握定量金相显微分析系统的正确操作方法，能利用设备进行金相组织的初步定量分析。

2.9.2 实验内容

（1）每组人员分别领取 5 个试样：20 钢、45 钢、灰口铸铁、球墨铸铁、蠕墨铸铁。

（2）每个试样需取三个不同视场进行拍摄并保存图像。

（3）熟悉 NK 定量金相分析软件的基本使用方法，利用该软件观察和测量金相试样，测出材料的 α 相百分数含量及珠光体晶粒度、球墨铸铁的球化率、石墨大小、灰口铸铁的石墨长度、蠕墨铸铁的蠕化率等指标并进行记录。

2.9.3 实验装置与试样

（1）金属试样若干种。

（2）计算机辅助定量金相分析系统（NK 定量金相分析软件）、电子教室软件。

（3）打印机。

2.9.4 实验步骤

（1）拍摄试样多个视场图像，运用 NK 定量金相软件进行定量分析。

（2）分析实验结果，打印金相实验报告。

（3）利用铁碳平衡状态图计算所观测材料的理论组织百分数含量，并与实验结果对照，分析误差产生的原因。

2.10 非金属材料孔隙率、吸水率和体积密度测定实验

2.10.1 实验目的

（1）了解孔隙率、吸水率、体积密度等概念的物理意义。

（2）掌握孔隙率、吸水率、体积密度的测定及其干燥试样的原理和方法。

（3）分析在孔隙率、吸水率、体积密度测试中误差产生的原因。

2.10.2　实验基本原理

非金属材料（如陶瓷、耐火材料、塑料、复合材料）广泛应用于生产和科研过程中，其制品内部都是有气孔的，气孔的特征对材料结构、组织和性能有重要影响。孔隙率、吸水率、表观密度都是基于材料组织中的气孔而衍生出的概念。

1. 孔隙率与吸水率

孔隙率是指试样的孔隙体积与试样的总体积的比值。由于材料的孔隙分为开口（显性）孔隙和闭口孔隙，如图 2-46 所示。因此，孔隙率通常可分为全孔隙率、开口（显性）孔隙率和闭口孔隙率。开口（显性）孔隙率指制品的所有开口气孔的体积与其总体积之比值。闭口孔隙率是指所有闭口气孔的体积与其总体积之比值。全孔隙率是指制品中的全部气孔的体积与其总体积之比值，即开口（显性）孔隙率与闭口孔隙率之和。

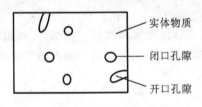

实体物质

闭口孔隙

开口孔隙

图 2-46　孔隙示意图

吸水率是指材料试样放在水中，在规定的温度和时间内吸进去的水的质量和试样原干燥质量之比。由于吸水率与开口（显性）孔隙率成正比，在科研和生产实际中往往采用吸水率来反映材料的开口（显性）孔隙率。

上述各项皆以百分数表示。

材料的体积密度指干燥试样的质量（不含游离水）与其总体积（包括材料的实体积和全部孔隙所占的体积）之比，单位为 g/cm³。材料的密度是指干燥试样的质量（不含游离水）与材料的实体积之比。

欲使试样孔隙中的空气在短期内被液体填充，必须采取强力排气，常用的方法有煮沸法与抽真空法两种。煮沸法适用于与水不起作用的试样。与水起作用的试样和易被水分散的试样宜用抽真空的方法排除试块中的空气，用煤油浸填后，在煤油中称量；不受水影响的试块可用水浸填，在水中称量。对所使用的液体要求其密度低于被测的物体，且对物体的润湿性好，不与试样发生反应，不使试样溶解或溶胀。

本实验中，采用抽真空法，由于用水比煤油更方便，浸填液体选用水。

2. 液体静力称重法

本实验根据阿基米德原理，用液体静力称重法来进行测定。具体方法如下。

（1）测定时，先在空气中测量试样的质量，得到 m_1。

（2）再将试样开口空隙中空气排除，放在饱和的水中，称量试样悬吊在饱和水中的质量，得到 m_2。两次称量之差便可得出物体的浮力，根据阿基米德原理，浮力等于被试块所排开的同体积水的重力，由此可得试样的体积。即

$$(m_1 - m_2)g = \rho_{水} V g$$

进而，可得试样的密度为

$$\rho = \frac{m_1 \rho_{水}}{m_1 - m_2}$$

（3）上述为本实验测定的基本原理，但具体测定时，由于孔隙率较复杂，所以，具体计算公式详见 2.10.4 节。

表 2-5 为水在不同温度下的密度。

表 2-5　水在不同温度下的密度

温度/℃	密　度	温度/℃	密　度	温度/℃	密　度
0	0.999 87	16	0.998 97	32	0.995 05
2	0.999 97	18	0.998 62	34	0.994 40
4	1.000 00	20	0.998 23	36	0.993 71
6	0.999 97	22	0.997 80	38	0.992 99
8	0.999 88	24	0.997 32	40	0.992 24
10	0.999 73	26	0.996 81	42	0.991 47
12	0.999 52	28	0.996 26	44	0.990 66
14	0.999 27	30	0.995 67	46	0.989 82

2.10.3　实验装置与材料

（1）普通天平　最好为电子天平，且要求其分辨率至少为0.01 g；液体静力天平如图 2-47 所示。

（2）烘箱。

（3）抽真空装置。

（4）烧杯。

（5）煮沸用器皿。

（6）辅助用品：毛刷、镊子、吊篮、小毛巾、三脚架。

整体装置如图 2-48 所示：

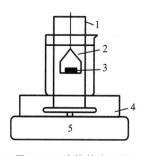

图 2-47　液体静力天平
1—龙门架；2—吊篮；3—样品；
4—烧杯架；5—电子天平

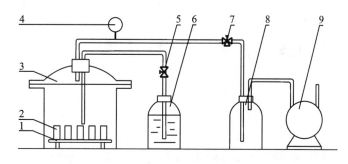

图 2-48　材料密度和气孔率测试系统
1—载物架；2—块体试样；3—真空干燥器；4—真空；5—旋塞阀；6—冲液瓶；
7—三通旋塞阀；8—缓冲瓶；9—真空瓶

2.10.4　实验步骤

（1）试样预处理并称重　刷净试样表面灰尘，放入电热烘箱中，在 105 ℃～110 ℃下烘干 2 h 或在允许的更高温度下烘干至恒重，并于干燥器中自然冷却至室温，称量试样的质量 m_1，精确至 0.01 g。试样干燥至最后两次称量之差不大于其前一次的 0.1% 即为恒重。

(2) 试样浸液　将试样置于烧杯或其他清洁容器中,并放于真空干燥箱内抽真空至<20 Torr(Torr 为压强单位,1 Torr 为将细直管内的水银顶高 1 mm 所需要的压力,而正常之大气压力可以将水银升高 760 mm,故 1 Torr 为大气压力的 1/760),保压 5 min,然后在 5 min 内缓慢注入供试样吸收的液体(本实验采用蒸馏水),直至试样完全淹没。再以低于 20 Torr 的压力保持抽真空 5 min。后停止抽气,将试样连同容器取出后,在空气中静置 30 min,使试样充分饱和。

(3) 饱和试样表观质量测定　表观质量是指饱和试样的质量减去被排除的液体的质量,即相当于饱和试样悬挂在液体中的质量。将试样吊在天平的挂钩上称取饱和试样的表观质量 m_2,精确至 0.01 g。

(4) 饱和试样质量　从浸液中取出试样,用饱和浸液的毛巾,小心地拭去饱和试样表面流挂的液珠(注意不可将大孔中浸液吸出),立即称取饱和试样的质量 m_3。

(5) 具体计算公式如下。

吸水率 W_a

$$W_a = \frac{m_3 - m_1}{m_1} \times 100\%$$

开口孔隙率 P_a

$$P_a = \frac{m_3 - m_1}{m_2 - m_1} \times 100\%$$

体积密度 D_b

$$D_b = \frac{m_1 D_L}{m_2 - m_1} \times 100\%$$

全孔隙率 P_t

$$P_t = \frac{D_t - D_b}{D_t} \times 100\%$$

闭口孔隙率 P_c

$$P_c = P_t - P_a$$

式中:m_1、m_2、m_3 的意义如前所述;

D_L——在实验温度下,浸渍液体的密度(g/cm^3);

D_t——试样的密度(g/cm^3)。

2.11　塑料力学性能测试实验

2.11.1　实验目的

(1) 熟悉拉力机的使用。
(2) 测定典型塑料材料的应力—应变曲线,明确材料的屈服强度和抗拉强度。
(3) 测定典型塑料材料的弯曲强度。
(4) 掌握洛氏硬度计的使用方法。
(5) 测量塑料洛氏硬度。

2.11.2　实验原理

1.拉力机介绍

拉伸实验中使用拉力试验机。拉力试验机可以分为两类:摆锤式拉力试验机;电子式拉力试验机。无论采用哪种试验机,在更换夹具后,都可以进行拉伸、压缩、弯曲、剪切、撕裂、剥离等项常规力学性能测试。

2.应力—应变曲线及屈服强度、抗拉强度测试

应力—应变实验通常是在张力下进行,即将试样等速拉伸,并同时测定试样所受的应力和形变值,直至试样断裂。

通常,塑料是由高分子材料等径聚合反应或缩聚反应得到的一类聚合物材料,主要有热固性塑料、热塑性塑料及弹性体材料。

聚合物按其结晶性可分为晶态聚合物和非晶态聚合物两种,晶态聚合物和处于玻璃态时的非晶态聚合物的应力—应变曲线类似,其典型应力—应变曲线如图 2-49 所示。

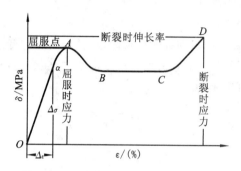

图 2-49　晶态高聚物的应力—应变曲线

(1) OA 段　曲线的起始部分,近似为直线,试样被均匀拉长,应变很小,而应力增加很快,呈普弹变形。对于晶态聚合物而言:这是由于分子的键长、键角及原子间距离的改变所引起的,对于非晶态聚合物而言,这是因为外力使键长、键角及原子间距离改变而使大分子间存在的大量物理交联点发生形变所致。这部分变形是可逆的,应力与应变之间服从胡克定律,即

$$\sigma = E\varepsilon$$

式中:σ——应力,A 为屈服强度,A 点所对应力称屈服应力($\sigma_{屈}$)或屈服点;

ε——应变;

E——弹性模量。

(2) BC 段　到达屈服点 A 后,试样突然在某处出现一个或几个"细颈"现象,而且细颈出现后不会再变细拉断,而是向两端扩展,直至整个试样完全变细为止。此阶段应力几乎不变,而应变却增加很多。出现细颈部分的原因是:对于晶态聚合物而言,这是由于分子在该处发生了结晶取向;对于非晶态聚合物而言,这是由于在外力作用下,强迫大分子链运动,分子重新构象。

(3) CD 段　被均匀拉细后的试样再度变细,应力随应变的增加而增大,直到断裂点 D,试样被拉断。出现该现象的原因是:对于晶态聚合物而言,这是由于分子发生进一步的取向;对于非晶态聚合物而言,这是由于取向拉直的大分子链之间断裂的物理交联点逐步增加,使分子之间产生滑移。

对应 D 点的应力称为强度极限,即抗拉强度或断裂强度 $\sigma_{断}$。断裂点 D 可能高于或低于屈服点 A。

3.计算公式

(1) 应力计算公式　应力是试样单位面积上所受到的力,可表示为

$$\sigma = \frac{F}{bd}$$

式中:F——物体所受到的负荷,N;

　　b——试样宽度,m;

　　d——试样厚度,m。

基于此式,可以计算屈服应力和强度应力。

(2)应变计算公式　应变是试样受力后发生的相对变形,可表示为

$$\varepsilon = \frac{I - I_0}{I_0}$$

式中:I_0——试样原始标线距离,m;

　　I——试样断裂时标线距离,m。

(3)弹性模量计算公式　材料在弹性变形阶段,其应力和应变呈比例关系(即符合胡克定律),其比例系数称为弹性模量。而在应力—应变曲线中,曲线的初始直线部分即是弹性变形阶段,弹性模量 E(MPa)可表示为

$$E = \frac{\sigma}{\varepsilon}$$

式中:σ——应力;

　　ε——应变。

4. 弯曲强度测试

弯曲强度表征材料在弯曲负荷作用下破裂或达到规定挠度时能承受的最大应力,是材料力学性能中的一个基本物理量。

1)支梁法测弯曲强度

测试塑料的弯曲强度采用的是支梁法。将试样放在两个支点上,在两支点中间施加集中载荷,使试样变形直至破坏。对于诸如塑料这样的非脆性材料,当载荷达到一定值时会出现屈服现象,这时的载荷也称破坏载荷,其强度即为弯曲强度。

2)弯曲强度计算公式

弯曲强度的计算公式为

$$\sigma_f = \frac{3FL}{2bd^2}$$

式中:F——破坏载荷,N;

　　L——实验跨度,即两支点之间的距离,m;

　　b——实验试件的宽度,m;

　　d——实验试件的高度,m。

5. 硬度测试

塑料材料抵抗其他较硬物体压入的性能称为塑料硬度。硬度值的大小是塑料软硬程度的条件性定量反应。

邵氏硬度测量原理概述如下。

邵氏硬度计是用 1 kg 外力把硬度计的压针压入试样表面,以压入的深浅来表示其硬度。外力借助于一根弹簧将压力压在被测量件上。被测量件受压将产生反抗其压入的反力,直到弹簧的压力与反力相平衡。被测量件越硬,反抗压针压入的力量越大,使压针压入试样表面深度越浅,而弹簧受压越大,则指示的硬度值越大,反之则相反。

2.11.3 实验装置及材料

(1) 电子式拉力试验机。

(2) 尼龙(聚酰胺)标准拉伸样条 3 条。

(3) 尼龙(聚酰胺)弯曲强度试样 3 条,规格:80 mm×10 mm×4 mm。

(4) 换向器和弯曲夹持器、上压头。

(5) 邵氏硬度计。

(6) 聚丙烯标准试样 6 块(2 块一组,叠在一起测试,共 3 组),规格:50 mm×50 mm×3 mm。

2.11.4 实验步骤

(1) 应力—应变曲线及屈服强度、抗拉强度的测试,步骤如下。

①测量试样中间平行部分的厚度和宽度,多测几次,避免偶然误差,并在试样的中间平行部分做两条标线,记录标距。

②在电子拉力机上装夹试样。

③选定实验速度,进行实验。注意:记录屈服点时的载荷和标距间伸长。如果屈服部分不在两标记线之间,则此实验作废。

(2) 弯曲强度测试,步骤如下。

①在拉力试验机上,装上换向器和弯曲夹持器、上压头。调节好实验跨度,放置好试样,加工面朝上。

②选定实验速度,进行实验。待试样到屈服点时,马上停车。防止换向器与弯曲夹持器行程到底。实验中主要检查跨度是否改变,如果改变,则需重新进行实验。

(3) 硬度测试,步骤如下。

①实验前检查试样,如表面有杂质,需用纱布沾酒精擦净。观察硬度计指针是否指向刻度零点,并检查压针压于玻璃面上是否指向刻度 100。

②将试样置于硬度计玻璃面上,在试样缓慢地受到 1 kg 负荷(硬度计的底面与试样表面平稳地完全接触)后 1 s 内读数。

③试样上的每一点只准测量一次硬度,点与点间距离不少于 10 mm。

④每个试样的测量点不少于 3 个,取其平均值为实验结果。

⑤对另外两组试样重复上述操作。

2.12 丝束表观强度和表观模量测定实验

2.12.1 实验目的

(1) 掌握丝束表观强度和表观模量测定方法。

（2）理解丝束增强相在复合材料中的作用。

2.12.2 实验原理

纤维拉伸性能测试有两种：单丝拉伸和丝束拉伸。单丝拉伸中由于试样越长、直径越大，缺陷存在的概率越大，测得的性能数据值越小。实验研究表明，纤维的单丝拉伸强度离散度较大，基本符合正态分布。

丝束（又称复丝）和单丝不一样，丝束是一个多元体，如果直接加载拉伸，则纤维断裂参差不齐，所以国际上规定将丝束浸上树脂，让其黏结为一个整体。由于该整体由纤维和树脂掺杂组成，并非一个均匀体，因此用"表观"二字限定这种情况下测试的丝束强度和模量。

与单丝拉伸相比较，丝束拉伸测试更能直观反映纤维作为增强相在复合材料中所起的作用，实验结果对材料及制造工程更具有实用价值。

2.12.3 实验仪器和材料

（1）电子式拉力试验机。
（2）牛皮纸。
（3）环氧树脂及固化剂。
（4）玻璃纤维束和碳纤维束（各 3 束，每束 10 根）。

2.12.4 实验步骤

（1）选定已知支数和股数的玻璃纤维或碳纤维，使之浸渍常温固化的环氧树脂和固化剂的混合物（如 E-51 100 g，丙酮 20 g，二乙烯三胺 10 g）。然后将已浸树脂的丝束剪成长度为 360 mm 左右的丝束，共 10 根，并排放在脱膜纸上，并保证有 250 mm 长的平直段，两头用夹子夹住拴一小重物使丝束展直，并在两头黏上牛皮纸加强，如图 2-50 所示，然后在 80 ℃烘箱中放置 0.5 h，固化定形。

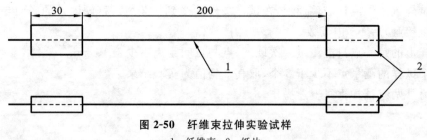

图 2-50　纤维束拉伸实验试样
1—纤维束；2—纸片

（2）了解电子试拉力试验机的使用方法，选择 0～500 N 的量程和 15 mm/min 的拉伸速度。

（3）将试样的牛皮纸加强部分在试验机的上下夹头夹住，取规定的标距 200 mm。

（4）进行拉伸实验，记录每个样品的断裂载荷 F_b 和负荷变形曲线。在夹头处断裂的样品作废。有效试样不能低于 5 根。

（5）取一定长度为 L 的丝束一段，称其质量为 m，则该纤维束的线密度 $t=m/L$（g/mm 或 g/m）。

（6）分别计算丝束的表观强度 σ_t、表观模量 E_a 和股强度 f，公式如下。

$$\sigma_t = \frac{F_b}{A} = \frac{F_b\rho}{t}$$

$$E_a = \frac{\Delta F}{A}\frac{L_0}{\Delta L}$$

$$f = \frac{F_b}{丝束股数} = \frac{F_b}{n}$$

式中：F_b——断裂载荷，N；

　　　ρ——纤维密度（玻璃纤维 2.55 g/cm³，碳纤维 1.87 g/cm³）；

　　　A——丝束的横截面积，$A = t/\rho$，mm²；

　　　ΔF——变形曲线直线段上某一载荷值，N；

　　　ΔL——对应 ΔF 的标距 L_0 的变形量，mm；

　　　L_0——测试规定的标距，mm；

　　　n——丝束中所含纱的股数。

（7）求 σ_t 和 E_a 的算术平均值 $\overline{\sigma_t}$、$\overline{E_a}$，以及它们的标准差 s_τ、s_a。

（8）测定一组不浸胶丝束的强度数据，观察其断裂模式的不同。

2.13　典型零件选材和热处理综合实验

2.13.1　实验目的

（1）加深理解零件选材与热处理工艺及合理编排之间的关系，较完整地掌握金属材料的内部组织、热处理工艺与性能之间内在的关系；能根据对零件选材的工况要求，提出硬度要求，并制定较合理的热处理工艺。

（2）根据实验要求，合理选用各种设备及正确的操作方法。

2.13.2　实验基本原理

零件选材应根据其应用的不同工况，除了考虑变形失效外，还要考虑该零件同时受到其他类型载荷时的失效形式，它们主要表现为：

① 轴类件的疲劳断裂、磨损失效；

② 齿轮类零件的齿面点蚀、齿面磨损和齿面塑性变形；

③ 弹簧类零件的疲劳和冲击断裂；

④ 工具和模具类零件的磨损、局部崩刃和冲击断裂；

⑤ 轴承类零件的接触磨损、疲劳点蚀。

综合上述失效形式，必须对零件所选之材料，进行合理的热处理工艺编排，除了进行整体热处理强化，还可以进行表面或局部热处理强化，以及进行化学热处理等。

因此零件应选择使用性能和工艺性能（如热处理工艺和加工工艺）兼备，并且性价比好的材料。

2.13.3 实验装置和试件

(1) 箱式电阻炉。
(2) 硬度计。
(3) 计算机辅助金相分析系统/金相显微镜。
(4) 供选择的钢材试件。
(5) 金相试样制作装置。

2.13.4 实验步骤

1. 选材

根据表 2-6 所示的要求,将表中材料用于紧固螺钉、车床主轴、主轴箱齿轮、轴承滚柱、车厢板簧、冲模凸模、钢卷尺、手工锯条等几种零件的选材。

表 2-6　各种金属材料的硬度要求

试样序号	材料牌号	(参考的)要求硬度/HRC
1	35	40
2		28
3	60 Si$_2$ Mn	55
4		40
5		28
6	40 Cr	50
7		40
8		28
9	GCr 15	62
10		50
11		40
12	35 CrMo	42
13		35
14		22
15	T 10	55
16		40

根据本组人员数量,每人领取表中的一种金属试样,并明确其应用的零件及要求硬度。表内要求硬度是为了便于实验操作而预设的,学生可以根据自己的要求,进行调整。

2. 制订热处理工艺

(1) 根据铁碳合金状态图、C 曲线和回火转变组织,查阅热处理工艺资料,制订所选材料的热处理工艺参数,选择热处理方法、设备和冷却方法、介质。

(2) 测定该金属试样的原始硬度并观察其内部组织。

(3) 根据对金属试样的硬度要求,制订合理的热处理工艺,并进行热处理操作。

(4) 测定热处理后试样的硬度并观察显微组织。

3. 记录

记录实验过程中所用设备、数据及画出原始和热处理后的显微组织。

实验辅助知识

3.1 金相显微镜

金相显微镜是研究金属显微组织最常用最重要的工具。从 19 世纪中叶开始应用光学显微镜以来，显微镜的构造、类型、应用范围和性能等方面均有了很大的进步。金相显微镜的种类和形式很多，主要有直立式、倒立式和卧式三大类。金相显微镜主要由光学放大系统、照明系统和机械系统三部分组成，有的显微镜还附有摄影装置。现以 XJB—1 型（或 4×型）倒立式金相显微镜为例进行具体说明。

3.1.1 光学放大成像系统

放大镜是最简单的一种光学仪器，它实际上是一块凸透镜。根据光学成像原理，一物体置于透镜焦距 f 之内，可得到一个放大的正虚像（见图 3-1）；物体置于透镜焦距 f 之外时，就可得到倒立的放大实像。其放大倍数 N 为

$$N = \frac{b}{a} = \frac{250}{f} \qquad (3-1)$$

式中：a——放大镜到物体之间的距离，近似地等于透镜的焦距 f；

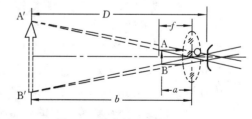

图 3-1　放大镜工作原理

b——放大镜到正虚像之间的距离，近似地等于人眼的明视距离 250 mm。

放大镜的一般焦距为 $10\sim100$ mm，因而放大倍数在 $2.5\sim25$ 倍之间。更大的放大倍数会使透镜焦距缩短和表面曲率过分增大而使放大的像模糊不清，应采用显微镜。

金相显微镜的放大系统由两组透镜组成。靠近所观察物体的透镜称为物镜，靠近人眼的透镜称为目镜。借助物镜与目镜的两次放大，就能将物体放大到很高倍数（$\sim1\,500$ 倍）。图 3-2 所示为显微镜放大原理图。物体 AB 放于目镜的焦距外位置，由物体的反射光线穿过物

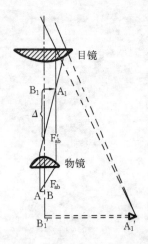

图 3-2　显微镜放大原理图

镜,放大成为一个倒立的实像 A_1B_1。实像 A_1B_1 位于目镜的焦距范围内,故再经目镜将倒立实像 A_1B_1 放大成倒立的虚像 $A_1'B_1'$。所以在显微镜的目镜处所观察到的是经二次放大后倒立的虚像。

所以显微镜的总放大倍数为物镜与目镜放大倍数的乘积,即 $M_总 = M_物 \times M_目$。放大倍数用符号"×"表示。例如物镜的放大倍数为 40 倍,写成"40×",目镜的放大倍数为"10×",则显微镜的总放大倍数为 40×10="400×"。放大倍数均分别标注在物镜与目镜上,如图 3-3 所示,图 3-3(a)所示为目镜,图 3-3(b)所示为物镜。例如物镜上刻有 40/0.65,表示物镜的放大倍数为"40×",0.65 为物镜的数值孔径。

数值孔径是表示物镜的聚光能力,常以 NA 表示。显微镜对于物体上细微部分的鉴别能力,主要取决于进入物镜的光线所张开的角度,即取决于孔径角大小。孔径角愈大,则数值孔径 NA 愈高,则鉴别能力愈好。显微镜的鉴别能力 d 为:$d = \lambda NA/2$,λ 为入射光源的波长。

所以金相显微镜光学放大系统主要包括物镜与目镜,光学放大系统是金相显微镜的核心部分,物镜和目镜为显微镜的主要光学部件。

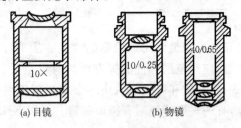

图 3-3　物镜与目镜的剖视图

3.1.2　照明系统

图 3-4 所示为 XJR—1 型金相显微镜照明系统的光路图。

通常,金相显微镜和生物显微镜都有一套由目镜和物镜构成的放大系统,但生物显微镜观察的多是透明的切片,采用的是自然光源。而金相显微镜观察的试样是不透明的,因此只能借助于试样磨面的反射光来观察,这就需要比较明亮、集中的光源,通常由灯泡 1 提供。

由灯泡 1 发出的光线,经过聚光镜组(一)2 及反光镜 7 被汇聚在孔径光栏 8,随后经过聚光镜组(二)3,再度聚集在物镜组 6 的后焦面,最后光线通过物镜组 6 平行照射到试样 7 的磨面上。从试样磨面反射回来的光线复经物镜组 6、补助透镜(一)5,射到半反射镜 4,使光线转向后射向补助透镜(二)10,然后通过棱镜 11 与 12,造成一个与观察试样的倒立放大实像,该像被目镜组 13 放大,为人眼 14 所见。

3.1.3　金相显微镜的构造

XJS—1 型金相显微镜的外形结构如图 3-5 所示。底座 16 内装有一只 6～8 V 的低压钨

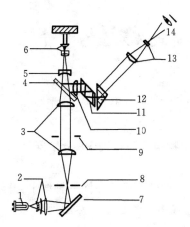

图 3-4　XJB—1 型金相显微镜照明系统的光路图

1— 灯泡；2— 聚光镜组(一)；3— 聚光镜组(二)；4— 半反射镜；

5— 补助透镜(一)；6— 物镜组；7— 反光镜；8— 孔径光阑；9— 视场光阑；

10— 补助透镜(二)；11,12— 棱镜；13— 目镜组；14— 人眼

丝灯泡 2 作为光源,6～8 V 电压由变压器 1 经降压后获得。底座内还装有聚光镜、反光镜和孔径光阑 10、视场光阑 11 及另一聚光镜,安装在支架上。转动孔径光阑能控制入射光束的多少,从而调整物像的清晰程度。旋转视场光阑可控制视场范围,使目镜中视场明显而无暗影。调节螺钉 13 可调整光阑中心位置。

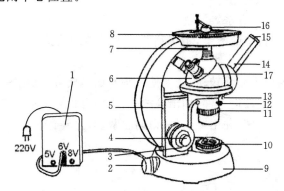

图 3-5　XJB—1 型金相显微镜的外形结构示意图

1—变压器；2—钨丝灯泡；3—粗调手轮；4—微调手轮；5—传动齿轮、齿条；

6—转换器；7—物镜；8—载物台；9—底座；10—孔径光阑；11—视场光阑；12—紧固螺钉；

13—调节螺钉；14—目镜筒；15—目镜；16—试样；17—物镜座

　　三只放大倍数不同的物镜分别装在转换器 6 上三个物镜座 17 的螺孔中,旋动转换器可使物镜进入光路中。可与不同目镜 15 组合使用,获得各种不同的放大倍数。

　　目镜筒 45°倾斜安装在附有棱镜的半球形座上,拧松紧固螺钉 12,可取下目镜筒或转动 90°呈水平状态,可安装射影装置进行金相摄影。

　　载物台 8 用于放置金相试样。载物台下面有导架,用手水平推动,可使载物台在一定范围内移动(任何方向),以改变试样的观察部位。

　　金相显微镜的调焦装置:在显微镜两侧有粗动(3)和微动(4)调焦手轮,两者在同一位置。转动粗动手轮使载物台上下运动,其运动幅度较大;转动微动手轮,载物台只能作上下微量的移动。

3.1.4　金相显微镜的操作及注意事项

1. 实验步骤

(1) 把变压器的插头插入 220 V 的电源上,然后把显微镜光源插头插在变压器 1 的 6 V 的插座上,这时灯泡亮。

(2) 根据放大倍数要求选用物镜 7 和目镜 10,分别安装在物镜座 17 及目镜筒 11 上,并使转换器 6 转至固定位置。

(3) 移动载物台 8,使其中心孔和物镜 7 在同一轴线上,并转动粗调手轮 3,使载物台 8 和物镜 7 接近(但不要使物镜超过载物台的平面),然后把金相试样 9 磨面对着物镜轻轻地放在载物台中心。

(4) 眼睛在目镜处观察,先慢慢转动粗调手轮 3,使物镜 7 缓慢上升,待看到有些影子时,转动微调手轮 4,直至物像最清晰为止。

(5) 适当调节孔径光阑 15 和视场光阑 14,以获得最佳的物像。

(6) 微微移动或转动载物台 8,观察金相试样 9 各部分的组织。

2. 注意事项

金相显微镜是一种精密的光学仪器,使用时要小心谨慎。使用前要先熟悉显微镜各部件的作用,并严格按照操作方法进行。注意:

① 金相试样要清洁,不得有水等污物;

② 手不能接触物镜和目镜的透镜,不得用纸头和其他织物擦镜头,有污物时要用专门擦镜纸来擦;

③ 调焦时要细心;用双手慢慢转动,切勿使镜头与试样接触,以免擦伤镜头;

④ 严禁拆卸显微镜上的任何零件,如出现故障,立即向指导人员报告;

⑤ 用毕要把电源插头拔掉,并用罩盖好,以防止灰尘污染。

▮▮ 3.2　硬度计及其操作

硬度计是测量金属材料硬度的装置,由于硬度测试方法不同,硬度计的种类很多,下面主要介绍常用的布氏硬度计、洛氏硬度计和维氏硬度计的结构及其操作方法。

3.2.1　布氏硬度计

1. 结构

图 3-6 所示为 HB—3000 型布氏硬度计外形结构示意图。布氏硬度计由机身,工作台,大、小杠杆,减速器,换向开关等部件组成。

1) 机身与工作台

机身 10 为铸铁件,在机身前的台面上安装了丝杆与丝杆座 2,在丝杆与丝杆座 2 上有工作台 6(用来放置被测量硬度的工件)。工作台上下移动依靠丝杆的运动,而丝杆的运动是通过转动手轮 8 来实现的。

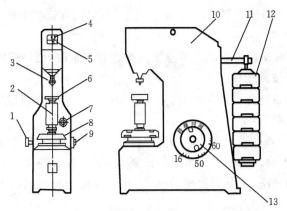

图 3-6　HB—3000 型布氏硬度计外形结构图
1—电源开关；2—丝杆与丝杆座；3—压头；4—电源指示灯；
5—加荷指示灯；6—工作台；7—启动开关；8—升降手轮；9—压紧螺丝；
10—机身；11—杠杆；12—砝码；13—弹簧定位器

2）加载机构

压头对试样的负载，是由砝码 12 经过一系列杠杆 11 来实现的，通过改变大杠杆 11 上的砝码，可分别获得 187.5、250、750、1 000 和 3 000 kg 的负载。

3）压轴部分

压轴部分是由弹簧、压轴、主轴衬套等零件组成，它能保证试样与压头中心对准。

4）减速器部分

在机身内部装有电动机、曲柄、曲柄连杆和减速器等，通过电动机的正转与反转，对试样施加和卸除载荷。

5）转向开关系统

在机身内部装有换向开关等零件，并与弹簧定位器 13 配合，使加、卸载荷能按规定时间自动进行。

2. 实验步骤

（1）正确选择布氏硬度实验规范（包括钢球直径、负荷大小及保荷时间等），并在布氏硬度计上调整或安装好。

布氏硬度实验规范可根据 2.2 节中的表 2-2 和表 2-3 中的数据进行选择。

把选择好的钢球装入布氏硬度计上。

根据所选负载大小，调整砝码组。负载为 187.5 kg 时，只要把砝码吊架挂在大杠杆尾部刀刃上就形成；为 250 kg，则再加一只 62.5 kg 砝码；若为 750 kg 负载，再加一只 500 kg 砝码。依此类推，可获得多种负载。

根据所选的保荷时间，先把压紧螺钉 9 松开，把圆盘内弹簧定位器 13 旋转到要求位置上。

（2）测量布氏硬度的试样，要求表面光洁。把试样放在工作台 6 上面，顺时针方向转动升降手轮 8，使试样与压头 3 接触，直至手轮产生滑动为止。

（3）打开电源开关 1，则电源指示灯 4 亮。然后按启动开关 7，电动机开始转动；立即做好拧紧压紧螺钉 9 的准备，当加荷指示灯（红色）5 亮时，迅速拧紧压紧螺钉 9，使圆盘跟着机身内曲柄一起转动，直到自动反向和停止转动。从加载指示灯 5 亮到熄灭的时间，即为保荷时间或持续时间。

(4)逆时针方向转动升降手轮 8,取下工作台上的试样,在读数显微镜下测量压痕直径。

3. 读数显微镜的使用

图 3-7 所示为读数显微镜外形结构示意图。在进行测量时,把物镜筒等放入长镜筒内,并且整个读数显微镜置于被测试样上面。

试样 9 表面被外界自然光线照射后,反射光线经物镜 6 成像于目镜组的测微分划板上,然后物像通过目镜进入人眼。

分划板有两块,上分划板是固定的,刻有 0~8 mm 标尺,每一格的分划值为 1 mm。下分划板在上分划板下面,上面刻有互为直角的两根直线,下分划板的移动,可通过转动读数鼓轮来实现。读数鼓轮转动一圈,下分划板移动 0.01 m。鼓轮一圈的刻度为 100 格,故每转动一格,下分划板移动 0.01 mm。

在测量布氏硬度压痕直径时,把压痕放入读数显微镜底座中间,调节调焦手轮,使视场中同时看清分划板及上面的刻线与压痕。移动读数显微镜使上分划板中任一条刻线对准压痕边缘,如图 3-8 所示,读出两切线的数值,把两数值相减则可得压痕直径的数值。

图 3-7 读数显微镜外形结构

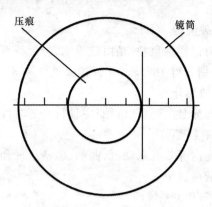

图 3-8 测量压痕直径示意图

3.2.2 洛氏硬度计

1. 实验原理

所谓洛氏硬度实验,是用特殊的压头(如金刚石圆锥压头或钢球压头),在两个试验力(初试验力和主试验力)作用下压入金属表面所进行的实验,其硬度值按压入深度 c 来计算。c 值愈大,金属的硬度愈低;反之则硬度愈高。

洛氏硬度符号用 HR 表示,并注以所用标尺 A、B、C、D 等字母,如 HRA、HRB 等。

当用 A、C、D 标尺(即用金刚石压头)实验时:

$$硬度值 HR = 100 - x$$

当用 B、E、F 等标尺(即用钢球压头)实验时:

$$硬度值 HR = 130 - x$$

x 的计算公式为

$$x = \frac{h_1 - h_2}{0.002} = \frac{c}{0.002}$$

式中：h_0——在初负荷 F_0 作用下压头压入试样表面的深度；

　　h_1——在施加主负荷 F 和初负荷 F_0 并卸除主试验力 F_1 时，压头压入试样表面的深度。

在实际应用中，被测试样的硬度值由显示板直接进行数字显示，不需根据上述公式进行计算。

2. 结构介绍

洛氏硬度计主要由主机及微型打印机两部分组成（见图 3-9）。主机又分为主轴部件、负荷杠杆部件、加荷机构、变荷机构、实验台升降装置及电气控制系统等。

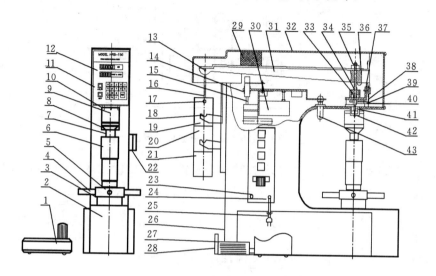

图 3-9　洛氏硬度计结构简图

1—打印机；2—机身；3—电磁制动器；4—升降手轮；5—油杯；6—丝杠保护套；7—丝杠；8—实验台；
9—螺钉；10—丝杠垫块；11—前盖；12—薄膜面板；13—吊轴；14—推动轴；15—偏心轮；16—吊杆；
17—砝码销；18—托叉；19,20,21—砝码；22—变荷手柄；23—侧面板；24—保险丝盒；
25—电源插头；26—后盖；27—接地螺钉；28—打印机插头座；29—杠杆垫块；30—加卸荷电动机；
31—大杠杆；32—上盖；33—初负荷弹簧；34—负荷轴；35—负荷螺钉；36—螺钉；37—位移传感器；
38—垫片；39—小杠杆；40—压头轴；41—防松销；42—压头；43—指示灯

主轴部件由负荷轴、压头轴、小杠杆、初负荷弹簧、位移传感器等组成，其作用主要是产生初试验力和主试验力。

加荷机构由偏心轮、推动轴、加卸荷电动机等组成。通过电动机带动偏心轮转动，由偏心轮促使推动轴、大杠杆下降或顶起，从而达到使主试验力加荷或卸荷的目的。

变荷机构由变荷柄、托叉等组成。通过转动变荷手柄，使托叉托住相应的砝码销，实现载荷变化。

实验台升降装置由实验台、丝杠、升降手轮、电磁制动器等组成。实验时，转动升降手轮，通过丝杠带动实验台及试样上升或下降。

电气控制系统以单片机为控制核心，在主机的前面板上设有两个按键，一个键盘和两个显示窗口（见图 3-10），用来实现预置、标尺转换、复位等功能。在主机侧面板上设有四个按键和一个接口，用来实现测力、打印等有关功能。

3. 实验步骤

1）实验准备

在进入实验之前必须按要求制备试样，根据试样的形状和尺寸选择实验台，按照"使用范

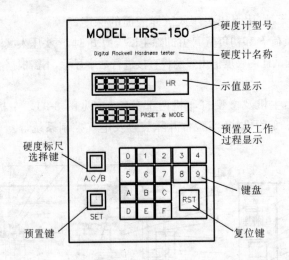

图 3-10 洛氏硬度计前面板布置图

围"的要求选择实验力及压头,并检查各按键状态及输入打印预置条件。在默认状态下,保荷时间为 10 s,实验结果不会进行数据处理和打印。并且打印时默认每组数据的有效点为 5 点,使用的是 C 标尺。如果不需要改变设置,只需将 $\boxed{\text{SET}}$ 、$\boxed{\text{PRINT}}$ 、$\boxed{\dfrac{\text{AUTO}}{\text{MAN}}}$ 键抬起,将 $\boxed{\dfrac{\text{A.C}}{\text{B}}}$ 键设置得与选用的压头一致,按下 $\boxed{\text{POWER}}$ 键,即可进行硬度实验。

如果需要改变设置,先将 $\boxed{\dfrac{\text{AUTO}}{\text{MAN}}}$ 键抬起并设置好 $\boxed{\dfrac{\text{A.C}}{\text{B}}}$ 的值,再按下前面板上的 $\boxed{\text{SET}}$ 键。这时按下 $\boxed{\text{RST}}$ 键,前面板显示窗会显示"Fd",表示电气系统进入预置状态。

各键预置的含义如下:

$\boxed{\text{A}}$ 键——预置日期,如在前面板显示窗出现"HC—"时按下 $\boxed{\text{A}}$ 键可将"HRA"标尺置入单片机;

$\boxed{\text{B}}$ 键——预置试件批号,如在前面板显示窗出现"HC—"时按下 $\boxed{\text{B}}$ 键可将"HRB"标尺置入单片机;

$\boxed{\text{C}}$ 键——预置每个试件的有效打印点数,如在前面板显示窗出现"HC—"时按下 $\boxed{\text{C}}$ 键可将"HRC"标尺置入单片机;

$\boxed{\text{D}}$ 键——预置试验力保持时间;

$\boxed{\text{E}}$ 键——预置硬度上限值;

$\boxed{\text{F}}$ 键——预置硬度下限值。

预置完毕后,如果需要打印,按下 $\boxed{\text{PRINT}}$ 键并抬起 $\boxed{\text{SET}}$ 键;如果不需要打印,直接抬起 $\boxed{\text{SET}}$ 键,则设备预置完成。

2) 操作步骤

通过上述准备工作后,当工作过程显示窗口显示"O P",表示硬度计已进入硬度实验状态,即可进行硬度测试,其操作步骤如下。

（1）将试样放在试台上，顺时针方向转动升降手轮 4，使试样缓慢地接触压头 42。

（2）继续转动升降手轮，使硬度值显示窗口显示的数值由"100.0"逐渐增加，当显示数大于或等于"365.0"时，电磁制动器 3 动作。

（3）自动锁紧升降手轮。

（4）初负荷施加完毕，随之硬度计自动地完成下列工作，并进行保荷。

① 硬度值显示窗口显示"100.0"或"130.0"（有时会有 ±0.1 的误差，这是正常的）。

② 约 0.5 s 后，加卸荷电动机 30 转动，施加主试验力，指示灯 43 灭，同时工作过程显示窗口显示"AP"。

③ 当主负荷施加完毕后，加卸荷电动机停转，进入保荷阶段，工作过程显示窗口显示"H－XX"，"XX"为保荷时间。

④ 保荷完毕后，加卸荷电动机再次转动卸除主负荷，工作过程显示窗口显示"DO"。

⑤当加卸荷电动机停止转动时，主负荷已卸除完毕，指示灯亮，此时硬度值显示窗口显示出被测试件的硬度值。同时，工作过程显示窗口显示"OP"，如果打印机 1 已打开，打印机会打出该点的硬度值（第一实验点不打印，第二实验点打印）。

⑥ 读取硬度值后，逆时针方向转动升降手轮，降下试台 8，主机显示窗恢复 100.0，到此一个实验循环结束。

（5）移动试件选择新的实验点进行实验。一般情况下每个试样的第一点应删除，而且每个试样的有效点数应≥3 个，两压痕中心及任一压痕边缘的距离均应≥3 mm，移动试件重复上述的操作步骤，进行后续诸点的实验。

（6）在打印机工作时，当每个试样的实验点数在达到设定点数时，打印机会打印出该组数据的平均值（AVE），如果已预置硬度上、下限，则会打印出该组数据中有几点超上限（PULDX），有几点超下限（PDLDX）。

（7）当接着进行后续诸零件实验时，如果实验条件相同，不需重新预置，可接着进行实验。

3.2.3　维氏硬度计

1. 实验原理

维氏硬度测量是采用金刚石正四棱锥体压头，在一定的试验力作用下压入试件表面，通过测量压痕表面积，计算出单位面积压力来对试件硬度进行度量。相对于其他硬度测量方法，维氏硬度测量适用范围广、测量精确，因此应用越来越广泛。

实验时，先用一定的试验力将正四棱锥体金刚石压头压入试样表面，保持规定时间后，卸除试验力，测量试样压痕对角线长度（见图 3-11），以此来计算压痕表面积。

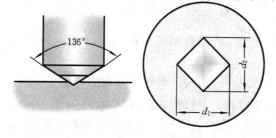

图 3-11　维氏硬度值测量

如果试验力单位是牛顿(N),其计算公式为

$$HV = 0.189\ 1\frac{F}{d^2}$$

式中:HV——维氏硬度值;

$\quad$ F——试验力(N);

$\quad$ d——两压痕对角线长度 d_1 和 d_2 的算术平均值(mm)。

如果试验力单位是千克力(kgf),则

$$HV = 1.854\ 4\frac{F}{d^2}$$

维氏硬度表示是采用硬度值+HV+试验力的方法。例如,可以说在试验力 49.03 N(5 kgf)下,保持 20 s 测得的维氏硬度值为 400;如果试验力保持时间在 10～15 s 时,保持时间也可不标注。又如 840 HV 0.2 表示在 1.961 N(0.2 kgf)试验力保持时间为 10～15 s 时测得维氏硬度值为 840。

2. 结构介绍

图 3-12 所示为维氏硬度计外形结构示意图。维氏硬度计主要由硬度计本体、主轴系统、试验力施加变换、压痕测量、实验台升降及电控系统等组成。

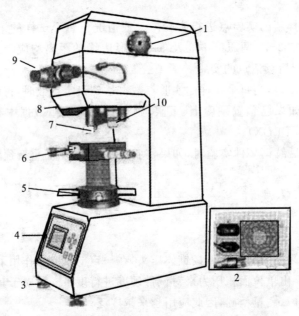

图 3-12　维氏硬度计外形结构示意图

1—变荷钮;2—电源接插板(后侧);3—调节支脚;4—前面板;5—升降手轮;6—坐标实验台;
7—压头;8—照明灯座;9—测微目镜

硬度计本体由壳体、上盖、后盖和调节支脚组成。其中调节支脚用于调整硬度计的水平度。

主轴系统安装在一个回转头上,转动回转头可在实验位置与两个测量位置之间变换。主轴由板簧支承,采用无摩擦结构。其结构如图 3-13 所示。

试验力施加变换系统通过变荷钮带动变荷筒上下位置的变换,实现不同试验力的变换。

压痕测量系统是一个拥有两种放大倍率的测微显微镜。它主要由测量物镜、测微目镜、照

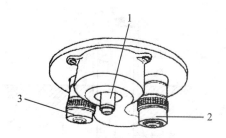

图 3-13 主轴系统的结构

1—压头主轴；2—40×物镜；3—10×物镜

明灯室等组成。测微目镜的放大倍率为 10 倍,两个物镜的放大倍率分别为 10 倍和 40 倍。压痕对角线的测量主要由"40×"物镜完成,"10×"物镜用于试样对焦及大压痕的测量。

实验台升降系统由升降丝杠、升降手轮、防尘保护罩及试台组成。

电控系统由前面板、开关电源、主控板、各传感器及电源开关等组成。

3. 操作方法

(1) 选取合适的加载负荷(10 kg 或 5 kg 等)。

(2) 用"10×"物镜对焦,上下调节载物台,直至待测试样表面清晰为止。

(3) 转动回转头,将压头对准待测试样上方,开始加载。

(4) 加载结束,转动"40×"物镜测量压痕,查表或输入面板,读取维氏硬度值。

3.2.4 邵氏硬度计

邵氏硬度是将规定形状的压针,以标准的弹簧压力下,在规定的时间内压入试样,利用压入深度来表征试样硬度的一种方法,其得到的硬度称为邵氏硬度值。邵氏硬度计广泛应用于橡胶、塑料的硬度测定。具有结构简单、使用方便、型小体轻、读数直观等特点,既可以随身携带手持测量,也可以装置在配套生产的同型号定荷架上定荷测定。

1. 邵氏硬度计简介

邵氏硬度一般分为 A、C、D 等几种型号。A 型和 D 型压头用压针,压针长度 2.5 mm,当压针全部被压进去时,显示 100,完全伸出时为 0;C 型的压头是弧形的球体,容易与 A 型、D 型区别开,用来测薄膜、泡沫材料和海绵等软性材料的硬度。邵氏硬度计压头结构如图 3-14 所示。

常用邵氏硬度计的主要部位尺寸如表 3-1 所示。

表 3-1 邵氏硬度计主要部位尺寸

型号 \ 部位	α	H/mm	D/mm	d/mm	ϕ/mm
A 型	35°±1°/4	2.50±0.04	1.3±0.5	0.8±0.02	2.5～3.2
C 型	30°±1°	2.50±0.04	1.3±0.5	0.2±0.024	2.5～3.2
D 型	30°±1°	2.50±0.04	1.25±0.15	R0.1±0.012[①]	3±0.5

注:①针头圆弧半径。

2. 测量原理

邵氏硬度计是用 1 kg 外力把硬度计的压针借助于弹簧的压力压入试样,并以表面的压入

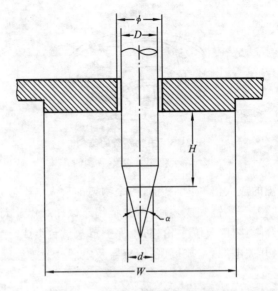

图 3-14   邵氏硬度计压头结构示意图

深浅来表示其硬度。被检测件受压将产生反抗其压入的反力,直到弹簧的压力与反力相平衡,被检测件越硬,反抗压针压入的力量越大,使压针压入式样表面深度越浅,而弹簧受压越大,金属轴上移越多,故指示的硬度值越大,反之则相反。

邵氏硬度计所测硬度可以由示数表盘直接读出,其原理依据公式

$$T = 2.5 - 0.025\,h$$

式中:T——钝针压入试样深度,mm;

　　　h——所测硬度值;

　　　2.5——压针露出部分长度,mm;

　　　0.025——硬度计指针每分度压针缩短长度,mm。

该公式反映了压针压入试样的深度 T 与硬度 h 的关系。钝针压入深度越深,硬度值越小。

3. 结构特点

如图 3-15 所示,邵氏 A 型硬度计由硬度计和固定硬度计的支架两部分构成。其中,硬度计包括压针和硬度表两部分构成。硬度表盘为 100 分度,每 1 分度相当于 1 个邵氏硬度值。在表盘上还有一锁紧螺母,测定结束,需要读数时,可先拧紧锁紧螺母,将指针固定。固定硬度计的支架由位于下方的托盘和位于上方的加载重锤、弹簧和手柄组成。其中,弹簧安装在结构内部。

4. 测试注意事项

(1) 试样厚度不低于 6 mm,如试样厚度低于 6 mm 时,可用同样胶片叠起来(不得超过 4 层)测试。

(2) 实验开始之前,必须先对硬度计及逆行校准。

(3) 硬度计的测定范围为 20~90 之间。当试样用 A 型硬度计测量硬度值大于 90 时,改用邵氏 D 型硬度计测量硬度。用 D 型硬度计测量硬度值低于 20 时,改用 A 型硬度计测量。

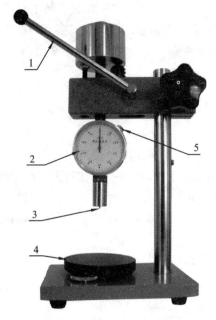

图 3-15　邵氏 A 型硬度计功能部件

1—手柄；2—硬度表；3—压针；4—托盘；5—锁紧螺母

3.3　定量显微测量基本知识

3.3.1　概述

材料成分、组织和性能之间定量关系的确定对于材料的研究、生产和使用具有理论指导和实际应用意义。定量金相方法是完成该任务的必要方法之一，即通过先确定材料组织的数量、大小、形状和分布，然后分析组织特征参数与成分或性能之间内在的联系，从而建立它们之间的定量关系。精确测定硬度计实验的压痕尺寸也是定量显微测量的应用之一。

常用的定量金相测量方法主要有比较法和测量法两种。

1.比较法

此法是将测量对象与标准图样进行比较以确定金相组织的级别，如晶粒度级别、夹杂物级别、石墨级别等，目前光学金相中的目视评级法属于比较法。比较法所用的标准图片由国家有关部门统一颁布。这种方法简单、快捷、易行，对于判断钢材一般的质量和性能趋势较为有效，在工矿企业中至今仍在沿用。由于测量者的主观因素易带来误差，精确性和再现性差；同时，所得出的金相组织级别在表明组织的量上没有确切的物理含义，所以比较法不属于定量金相，也无法建立宏观性能和微观组织的定量关系。

2.测量法

测量法主要通过测定组织的某些特征参数并进行计算，得出所需的各种数据。它不直接评定金相组织的级别。测量可以通过显微镜在试样的视场中直接进行,也可以在显微照片、投影屏或工业电视的显示屏上进行。显微组织的参数很多,通常只要测量最基本、最易获得、又能够由此推导出其他数据的有关参数,如点、线、面等。常用的测量法有面积法、截线法、计点法和联合测量法。

1) 面积法

选定视场,其总面积为 A_T,测量出待测相面积 A_α。则面积分数 $A_A = A_\alpha/A_T$;由此也可以推导出 α 相所占的体积百分数。

关于 A_α 的测量方法,可以在放大了的清晰的照片上,用求积仪进行测量,也可以用称重法进行测量。称重法是假定照相纸的密度均匀一致,在放大了的清晰的照片上,用剪刀把待测相 α 剪下来,用天平称出重量,然后进行运算,则可求得 A_α。这种方法是最原始的面积计量法,它只适用于相界清晰,易于分割的组织照片。这种方法比较麻烦,也不够精密。

2) 截线法

在视场中作任意直线(测量线),它与组织中各待测相相交,把落在待测相上的线段长度(截距)相加,得到一个总长度 L_α,而测量线的总长度是已知的。通过计算,$L_L = L_\alpha/L_T$,这样就可以得出线分数等数据。截线法除了用来测量截线长度外,还可以用来测量 P_L,即在单位测量线上与测量对象界面的交点数;还可以用来测量 N_L,即在单位测量线上和测量对象相交的数目。

3) 计点法

用以测量参数 P_P,以确定所测对象的数目、相对含量等。测试时,经常是用一个固定的网格来进行计点,看看被测对象落在网格交叉点上的数目。网格交叉点的数目是已知的,如 36 点。取多个视场就能得出点数的总和,再通过一定公式的换算,则可得到所需数据。所取视场越多,测量的点数越多,结果越接近真实值。

在实际应用中,这种网格可以装在目镜中,使其在显微镜的视场上与显微组织迭映并计数,然后移动视场,再进行计数,直到足够数量。另外也可以用带网格的透明塑料板,把它覆在显微组织照片上,数出被测相落在格点上的数目 P_P。根据基本公式 $V_V = A_A = P_P$,就可以得出这一种待测相的体积分数。式中:V_V 为某相在三维组织中的体积分数;A_A 为某相在随机截面上的面积分数;P_P 为某相在随机视场上的点分数。

4) 联合测量法

它是将截线法和计点法结合起来应用,同时测量 P_L 和 P_P。该法常常用来测量粒子的体积和表面积的比值。

这些方法中所用模板可以放在目镜里,也可刻在透明塑料板上,盖在显微照片上进行分析。

传统的金相定量分析是用人工目测,它主要包括几何测量和统计计算两方面,即用一定长度的线条或一定面积的网格,放在需测量的金相图像上,然后对截距或格点进行计数,作统计分析,从而获得定量的结果。这种人工分析法,重现性差、速度慢、效率低、劳动强度大,容易导致工作者的视力疲劳,引起测量和计算误差。另外,金相组织在微观上一般都不大均匀,因而任何一个参数都不能仅仅靠一个视场上的几个测量数据来确定,而需要用统计方法在足够多的视场上进行多次测量才能保证结果的可靠性。因此,用人工的方法进行金相定量分析测量是一件很辛苦的工作,有些甚至因工作量过大而无法进行。

目前市场上出现的半自动、全自动金相分析仪的工作效率可比人工测量提高十几到几十倍。尽管如此,由于金相自动分析仪采用专用的图像分析硬件设备,价格十分昂贵,其应用受到了很大的限制。在当前微机性能/价格比空前提高的情况下,基于图像技术的计算机辅助金相定量分析已逐步得到应用。

IS100A 系列金相图像分析系统是在美国 OMNICON 3600 图像分析仪的基础上,采用 MS-C 平台开发的通用软件,能进行图像采集、存储、图像处理、多视场测量、显示打印输出以及几十种几何参数的测量。软件可进行晶界提取,晶界重建,单相晶粒度测量(面积法、截点法),双相晶粒度测量(截距法),非金属夹杂物测量(其中包括硫化物、氧化铝、硫酸盐、球状氧化物的区分测量),珠光体、铁素体含量测量,球墨铸铁石墨球化率测量,奥氏体钢中 α 相测量,铝合金中初晶与共晶硅分析,钛合金材料分析等。

3.3.2　基本原理

本系统应用了多种图像处理技术和数学方法,主要包括以下三个方面:

(1) 图像的数字化和编码,把图像从连续形式变换为离散形式,以进行计算机处理,并尽量节省存储空间和信息容量;

(2) 图像的增强和恢复,即改善图像质量,降低噪声;

(3) 图像的分割和描述,把图像变换成简化"图形",以进行定量参数测量和性质描述。

在进行数字处理时,图像样本必须首先量化。金相图像的处理、分析和测量都建立在灰度信息的基础上。本系统采集的每幅图像为 512×512 像素,每个像素占用 8 bit 空间。图像卡上的单路 A/D 模拟转换电路将 CCD 摄像头输入的视频信号按 11～14 MHz 频率采样后,量化为 256 级的数字信号。0 对应暗、255 对应亮。从一幅图像中提取局部图像的常用方法是设置门限,将一定灰度值范围内的图像变成 1,范围外的图像变为 0,将图像提取出来。某一金相试样的组织在断面内的分布是随机的,但在正确制备试样的基础上,同一相金相组织往往具有相同或相近的灰度值及形状、纹理特征,并且这些特征通常会在不同的金相组织交界处发生急剧的变化。据此,可以采用特定的算法进行图像处理,先提取出特征相进行二值化处理、边缘检测或者区域分割,然后针对该相进行参数测量和统计分析。

3.3.3　系统基本硬件组成

本系统共分为四个部分:图像获取、图像显示和处理分析、图像存储以及最终结果输出。在现有设备的基础上,综合考虑了系统分析的效率和经济性,确定采用如图 3-16 所示的系统框图。

3.3.4　定量金相图像分析系统和软件应用

随着计算机技术的发展,工业显微镜图像处理技术日益广泛地应用在金相分析工作中。IS100A 金相图像分析系统是基于现代显微镜制造技术、理化检验中材料科学和计算机图像分析技术发展起来的现代金相分析工具。系统连接示意图如图 3-17 所示。

系统的软件依据数字图像处理技术,结合光学、电子学、数学、摄影技术、计算机技术等学科知识,采用面向对象的程序设计方法,实现对金相图像的专业分析处理,满足材料专业工作

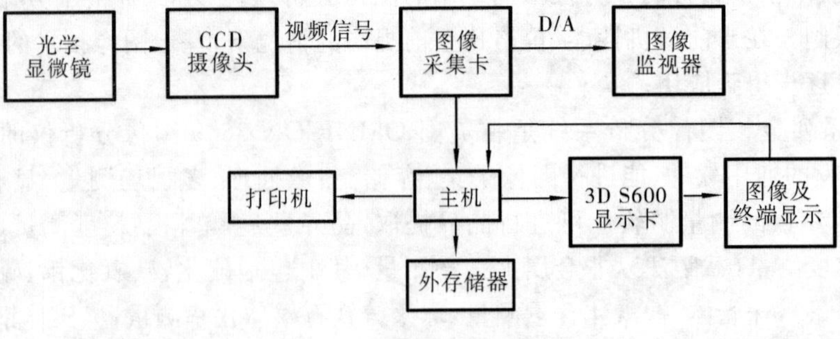

```
┌──────┐      ┌──────┐          ┌──────┐  D/A  ┌──────┐
│ 光学  │ ───→ │ CCD  │ 视频信号 │ 图像  │ ───→ │ 图像  │
│显微镜 │      │摄像头 │ ───────→ │采集卡 │      │监视器 │
└──────┘      └──────┘          └──────┘      └──────┘
```

图 3-16　系统硬件组成框图

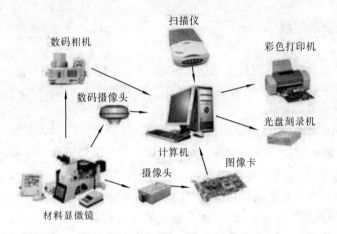

图 3-17　系统连接示意图

者对材料金相检验的需要。

以球墨铸铁金相图像分析系统为例,评定普通和低合金球墨铸铁铸态,进行正火、退火态显微组织的理化检验。

1. 球墨铸铁金相图像分析系统使用的标准

(1)《球墨铸铁金相检验》(GB/T 9441—2009)。

(2)《铁铸件中石墨显微结构评定试验方法》(ASTM A 247—2006)。

(3)《金属显微组织检验方法》(GB/T 13298—2015)。

(4)《定量金相手工测定方法》(GB/T 15749—2008)。

(5)《冶金技术标准的数值修约与检测数值的判定原则》(YB/T 081—2013)。

2. 球墨铸铁金相图像分析系统检验要求

1) 主要检测的内容与适用范围

(1) 所有使用光学金相显微镜来评定球墨铸铁的显微组织。

(2) 100 倍下评定球化分级。

(3) 100 倍下评定石墨大小。

(4) 100 倍下评定珠光体数量。

(5) 100 倍下评定分散分布的铁素体数量。

(6) 100 倍下评定渗碳体数量测量评级。

(7) 100 倍下评定磷共晶数量。

（8）直接的对照级别图评定。

2）试样的制备

金相试样的截取和制备按《金属显微组织检验方法》(GB/T 13298—2015)标准执行,试样表面光洁,不允许有粗大的划痕。

3）试样的评定

在检测点位置上任意连续选取三个显微视场,使金相组织图像清晰地显示在图像仪上,调节图像仪上的灰度值使其准确覆盖检测相,分别测量出该视场的检测值,并得出平均值作为最后的评级标准。

4）注意事项

（1）抛光后经 2 ‰～5 ‰硝酸酒精溶液腐蚀后检验基体组织,放大倍数除评定珠光体粗、细为 500 倍外,其余检测项目均为 100 倍。

（2）对渗碳体及磷共晶数量评定时,按数量最多的地方检验。

（3）球化率计算时显微镜放大 100 倍拍摄,被视场周界切割的及少量小于 2 mm 的石墨不计数。若石墨大多数＜2 mm 或＞12 mm 时,可适当放大或缩小倍数,视场内石墨数≥20 颗即可。

3．球墨铸铁金相图像分析系统功能简介

1）球墨铸铁金相图像分析系统软件的用户界面(见图 3-18)

（1）菜单栏主要提供对图像文件的基本操作(如文件、编辑、查看、图像处理等),以及专用的金相检验分析项目和相应的报告、设置。

（2）快捷键栏主要提供最常用的功能如打开、保存图像、缩放图像、拍摄图像、图像比例标尺的叠加和设置、注释文字的叠加和设置。

（3）采集/显示区域主要是显示正在采集的活动图像和被采集(或打开)的静态图像。

（4）图像浏览栏主要是以小图方式浏览被采集和已采集的显示。

（5）状态栏主要是显示当前操作的状态信息,如鼠标点击摄像则状态栏显示图像卡摄取图像。

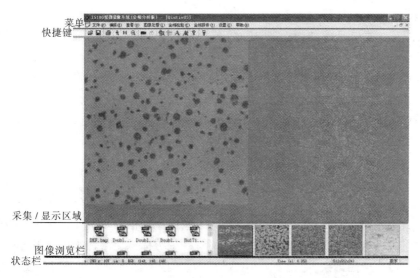

图 3-18　球墨铸铁金相图像分析系统软件用户界面

2) 菜单功能一览

(1) 软件使用的基本功能如下:

【打开】 打开一个 bmp、jpg、tif、png 格式的图像;

【关闭】 关闭当前采集或打开的图像;

【保存】 将采集或处理过的图像按指定格式(如 bmp、jpg、tif、png)保存;

【另存为】 将采集、打开或处理过的图像按指定格式保存;

【获取源】 选择一个 TWAIN 接口的图像设备(如 PIXELINK);

【获取】 按选择中的 TWAIN 接口设备获取图像;

【打印设置】 设置当前图像打印时的属性(如纸张大小、方向等);

【退出】 退出本系统;

【图像浏览栏】 显示/隐藏图像浏览栏;

【标尺栏】 显示/隐藏图像标尺栏;

【放大】 按 2× 大小放大图像;

【正常显示】 按实际像素大小显示图像,在分析时需要按实际像素大小显示;

【缩小】 按 2× 大小缩小图像;

【刷新】 刷新当前图像;

【格线】 传统金相含量分析方法格线法;

【亮度调节】 对静态图像进行亮度大小调节;

【对比度调节】 对静态图像进行对比度大小调节;

【灰度图】 将彩色图像转化为黑白图像;

【反色】 将彩色或黑白图像反色显示;

【翻转】 将图像以水平方向为轴线,上下翻转;

【镜像】 将图像以垂直方向为轴线,左右翻转;

【左旋 90°】 当前图像按逆时针方向旋转 90°;

【右旋 90°】 当前图像按顺时针方向旋转 90°;

【旋转】 按指定角度旋转不正的图像。

(2) 软件基本菜单示例如图 3-19 所示,球墨铸铁金相分析专用的分析项目和相应报告如下:

【金相检验】/〖球墨铸铁〗/［球化率及石墨大小(GB)］ 按国家标准评级;

【金相检验】/〖球墨铸铁〗/［球化率及石墨大小(ASTM)］ 按美标评级;

【金相检验】/〖球墨铸铁〗/［珠光体］ 按国家标准评级;

【金相检验】/〖球墨铸铁〗/［磷共晶与铁素体］ 按国家标准评级;

【金相检验】/〖球墨铸铁〗/［渗碳体与铁素体］ 按国家标准评级;

【金相报告】/〖定倍报告〗 图像按指定倍数要求插入报告中;

【金相报告】/〖球墨铸铁〗/［球化率(GB)］ 按国家标准球化率评级生成报告;

【金相报告】/〖球墨铸铁〗/［石墨大小(GB)］ 按国家标准石墨大小评级生成报告;

【金相报告】/〖球墨铸铁〗/［球化率（ASTM）］ 按美标球化率评级生成报告;

【金相报告】/〖球墨铸铁〗/［石墨大小(ASTM)］ 按美标石墨大小评级生成报告;

【金相报告】/〖球墨铸铁〗/［珠光体］ 按国家标准珠光体评级生成报告;

【金相报告】/〖球墨铸铁〗/［磷共晶与铁素体］ 按国家标准磷共晶评级生成报告;

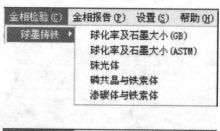

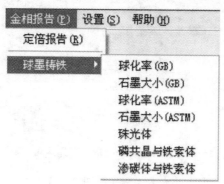

图 3-19　软件基本菜单示例

【金相报告】/〖球墨铸铁〗/〔渗碳体与铁素体〕　按国家标准渗碳体评级生成报告。

（3）软件系统的设置如下。（见图 3-20）。

定标设置(D)
图像倍率设置(Z)
打印修正(M)

【定标设置】　设置定标系数,为金相检验提供测量依据;

【定标设置】　设置打印时的图像倍数;

【采集设置】　对活动图像进行调整。

图 3-20　软件系统设置

4.球墨铸铁金相图像分析系统主要功能

（1）球化率及石墨大小（GB 与 ASTM 标准）的分析过程如下。

第 1 步:采集好需要分析的金相图像,根据 GB/T 13298—2015,金相分析要求对每个试样,任意采用三幅不同视场的图像以供下一步测量评定之用。图 3-21(a)所示为通过数字摄像头采集图像;图 3-21(b)所示为通过普通摄像头采集图像。

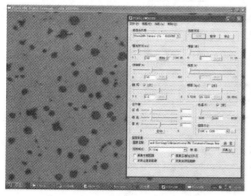

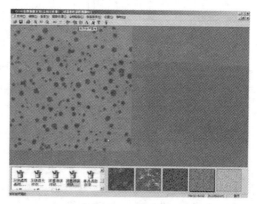

(a) 方式一:通过数字摄像头采集　　　　　　(b) 方式二:通过普通摄像头采集

图 3-21　采集三幅不同视场的图像

第 2 步:在球墨铸铁金相图像分析系统中打开上一步中采集到的一幅图像,如图 3-22 所示,选择一个分析项(如球化级别、石墨大小等)。

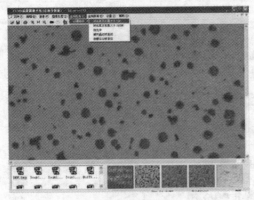 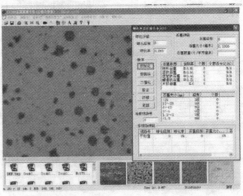

(a) 打开一幅金相图像   (b) 选择一个球墨铸铁→[球化率及石墨大小 GB] 分析项目(右图)

图 3-22　打开上一步中采集到的一幅图像选择球化率及石墨大小分析项

第 3 步:进入球化率及石墨大小分析步骤(见图 3-23)。

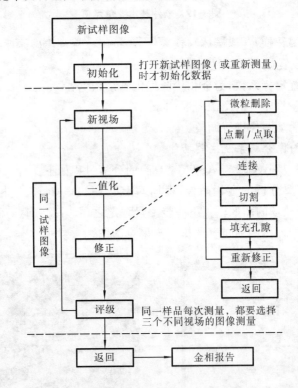

图 3-23　球化率及石墨大小分析

【初始化】　将当前数据全部清空。

【新视场】　换一个视场重新测量。

【二值化】　使红色与球墨铸铁图像接近吻合即可。

【修正】　根据要求进行修正:

〖微粒删除〗　小于输入值的颗粒被删除(参考值为 30～50 像素);

〖点删/点取〗　删除不是石墨的杂质等；

〖连接〗　连接断线；

〖切割〗　切割连接在一起的球铁；

〖填充孔隙〗　在二值化处理时可能有的空心的球铁被填实；

〖重新修正〗　重新开始以上修正；

〖返回〗　退出修正。

【评级】　自动得出该项分析数据以及评级情况。

【返回】　退出该项分析。

第 4 步：选择对应的金相报告，测量出的数据以及图片将自动调入到报告中（见图 3-24）。

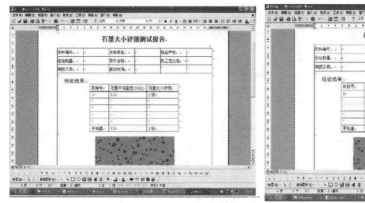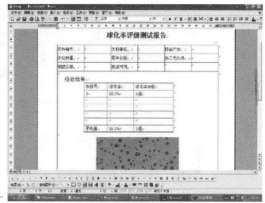

图 3-24　将测量出的数据以及图片自动调入到金相报告

（2）珠光体数量分析过程如下。

第 1 步：采集好需要分析的金相图像，根据 GB/T 13298—2015，金相分析要求对每个试样，任意采用三幅不同视场的图像以供下一步测量评定之用（见图 3-25）。

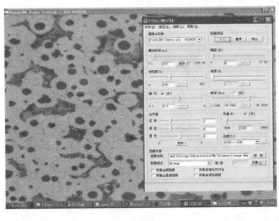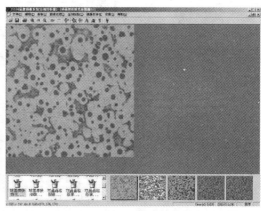

（a）方式一：通过数字摄像头采集　　　　　　（b）方式二：通过普通摄像头采集

图 3-25　采集三幅不同视场的图像（珠光体数量分析）

第 2 步：在球墨铸铁金相图像分析系统中打开上一步中采集到的一幅图像，选择一个分析项（如珠光体等）（见图 3-26）。

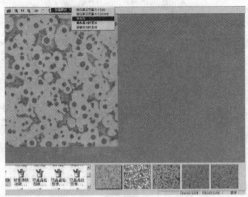

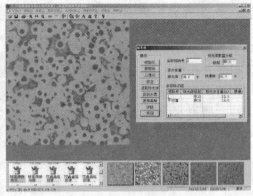

（a）打开一幅金相图像　　　　　　（b）选择一个球墨铸铁→[珠光体]分析项目

图 3-26　打开上一步中采集到的一幅图像选择珠光体分析项

第 3 步：进入珠光体分析步骤（见图 3-27）。

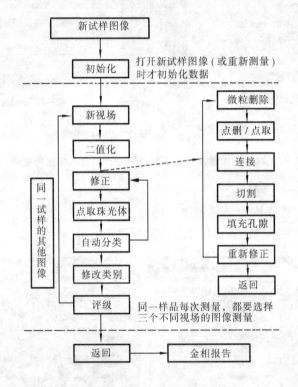

图 3-27　珠光体分析

【初始化】　将当前数据全部清空。

【新视场】　换一个视场重新测量。

【二值化】　使红色与球墨铸铁与珠光体图像接近吻合即可。

【修正】　根据要求进行修正：

〖微粒删除〗　小于输入值的颗粒被删除（参考值为 30～50 像素）；

〖点删/点取〗　删除不是石墨的杂质等；

〖连接〗　连接断线；

〖切割〗　切割连接在一起的球铁；

〖填充孔隙〗 在二值化处理时可能有的空心的球铁被填实；

〖重新修正〗 重新开始以上修正；

〖返回〗 退出修正。

【点取珠光体】 点取一个珠光体，以便分离珠光体和石墨。

【自动分类】 根据上一步点取的珠光体，按形状因子自动分开石墨（红色）和珠光体（绿色）。

【修改类别】 如果自动区分有分错的组织，可以直接点取修改过来。

【评级】 自动得出该项分析数据以及评级情况。

【返回】 退出该项分析。

第 4 步：选择对应的金相报告，测量出的数据及图片将自动调入到报告中，如图 3-28 所示。

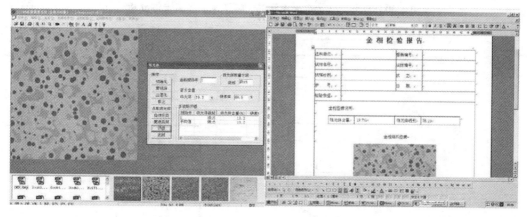

图 3-28 珠光体分析金相报告

（3）渗碳体数量分析过程。

第 1 步：采集好需要分析的金相图像，如图 3-29 所示。据 GB/T 13298—2015，金相分析要求对每个试样，任意采用三幅不同视场的图像以供下一步测量评定之用。

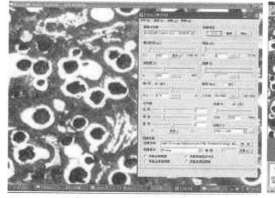
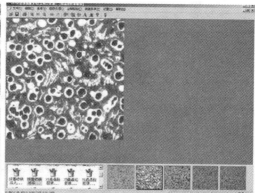

(a) 方式一：通过数字摄像头采集　　　　　(b) 方式二：通过普通摄像头采集

图 3-29 采用三幅不同视场的图像（渗碳体数量分析）

第 2 步：在球墨铸铁金相图像分析系统中打开上一步中采集到的一幅图像，选择一个分析项（如渗碳体）（见图 3-30）。

第 3 步：进入渗碳体分析步骤（见图 3-31）。

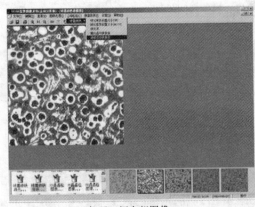

(a) 打开一幅金相图像

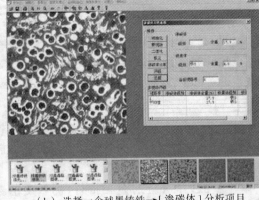

（b） 选择一个球墨铸铁→[渗碳体] 分析项目

图 3-30 打开上一步中采集到的一幅图像选择渗碳体分析项

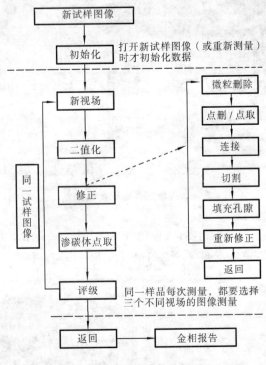

图 3-31 渗碳体分析

【初始化】 将当前数据全部清空。

【新视场】 换一个视场重新测量。

【二值化】 使红色与球墨铸铁磷共晶图像接近吻合即可。

【修正】 根据要求进行修正：

〖微粒删除〗 小于输入值的颗粒被删除；

〖点删/点取〗 删除不是石墨的杂质等；

〖连接〗 连接断线；

〖切割〗 切割连接在一起的球铁；

〖填充孔隙〗 在二值化处理时可能有的空心的球铁被填实；

〖重新修正〗　重新开始以上修正；

〖返回〗　退出修正。

【渗碳体点取】　点取图上的渗碳体组织(点取后变绿色)。

【评级】　自动得出该项分析数据以及评级情况。

【返回】　退出该项分析。

第 4 步：选择对应的金相报告，测量出的数据以及图片将自动调入到报告中。如图 3-32 所示。

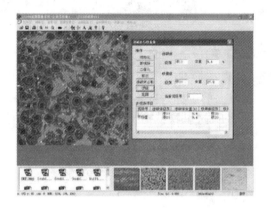

图 3-32　渗碳体分析金相报告

5. 球墨铸铁金相图像分析系统的设置

1) 定标系数设置原理

在显微镜观察时，通常用放大倍率来表示；而用图像分析仪来测量时，则采用定标系数来表示，两者之间既有联系，又有本质区别。

$$显微镜放大倍率＝物镜放大倍率×目镜放大倍率×中间过程放大倍率$$

由于图像仪是定量分析，通常采用显微镜下，一个标准长度单位来对应图像仪上一定的像素数。以此求出每个像素对应的长度单位(即得出定标系数)。根据定标系数和试样中物相如石墨颗粒所占的像素数，通常可以求出该颗粒的实际面积、长度、周长等数据。

由此可见，定标系数是图像中一个像素相当于某种放大倍率下试样的实际长度。通常情况下，不特别关心该放大倍率，只需通过定标系数，求出试样的实际长度、周长、面积等形状参数，并依据相应标准，定出试样级别等。在实际测量中，定标系数与显微镜物镜要一一对应。

请记下各种物镜的定标系数，只有当软件重新安装后，才需将各物镜对应的水平方向定标系数及垂直方向定标系数，分别在定标对话框中手工输入，无需再重新定标。

图 3-33(a)所示为显微镜在使用"10×"物镜下采集到的一个直径为 0.25 mm(即 250 μm)的标准圆。

① X、Y 距离只在计算定标系数时有效，计算出各物镜的定标系数后就没有其他作用。

② 物镜 A、B、C、D、E 每个分别对应一组定标系数(水平和垂直)。

③ 倍数是当前的物镜倍数，主要起标识作用，确定该定标系数是哪个物镜倍数下的。

2) 定标对话框

如图 3-33(b)所示，说明如下：

【X 距离】　水平方向标准圆长度大小，这里是 250 μm；

【Y 距离】　垂直方向标准圆长度大小，这里是 250 μm；

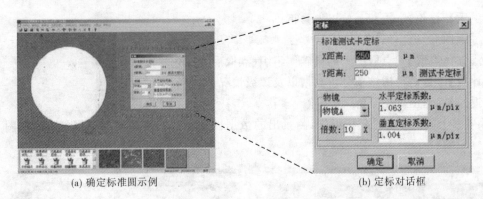

(a) 确定标准圆示例　　　　　　　　　(b) 定标对话框

图 3-33　确定标准圆示例

【测试卡定标】　点击该按钮后,进入定标状态,可以在标准圆图像上出画检测框,以外切该标准圆为准,它将自动计算下面的[水平]及[垂直]方向的定标系数;

【物镜】　一共可以输入 5 个物镜的定标系数 A 至 E,这里物镜 A 设定为 10 倍物镜的标准系数;

【物镜倍数】　以上面的标准圆为例,填入倍数为〖10〗;

【水平定标系数】　自动生成,可手动修改;

【垂直定标系数】　自动生成,可手动修改;

【确定】　确定对当前物镜的定标;

【取消】　放弃对当前物镜的定标。

3) 定标操作步骤

(1) 在显微镜下采集一个标准圆,这里是显微镜在使用"10×"物镜下采集到的一个直径为 0.25 mm(即 250 μm)的标准圆,标准圆的大小可以在标尺上看到;

(2) 读出所采集的图像中标准圆大小,这里是 250 μm;

(3) 确定采集时使用的显微镜物镜倍数;这里是 10 倍;

(4) 进入定标设置,填入 X、Y 距离的大小,这里是 250 μm;

(5) 点击〖测试卡定标〗按钮,点住鼠标左键设置检测框(见图 3-34)。

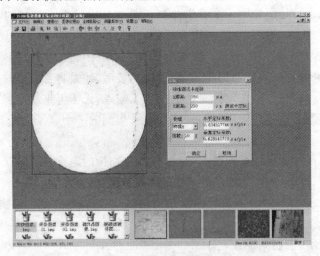

图 3-34　检测框的设置

（6）先外切对齐上边框和左边框,再对齐右边框和下边框。鼠标点住框内可以移动,鼠标点住框外可以伸缩。定标系数随框大小自动计算出来后确定退出。

以上完成了一个物镜的定标过程,其他的物镜定标以此类推,如:下一个是［物镜 B］物镜倍数［40×］标准圆大小 100 μm,按上述操作步骤继续定标。

6. 标尺及文字叠加及金相实验报告

（1）系统提供与图像叠加的比例标尺、文字注释,以便于记录和判读（见图 3-35（a）、（b））;标尺和文字标注都可以将字体、字号、颜色等参数调整到合适的状态（见图 3-35（c））。

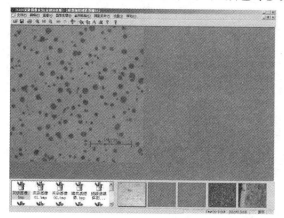

(a) 比例标尺的叠加

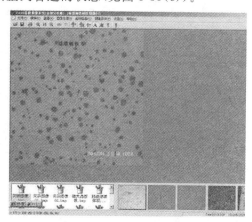

(b) 文字注释的叠加

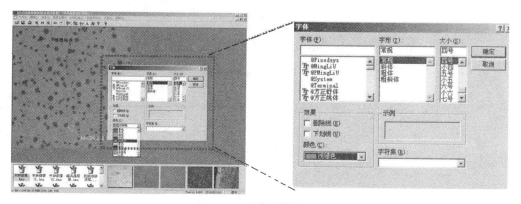

(c) 字体属性的调整

图 3-35　比例标尺、文字标识的叠加和字体属性调整

（2）金相实验结果记录和打印　实验可以提供报表式样的金相实验报告,供用户查看、打印和分析。

实验报告

"金相显微分析基础实验"实验报告

班级：_____ 学号：_____ 姓名：_____

组号：_____ 本组人数：_____ 时间：_____年____月____日

1. 画出高倍和低倍下的金相显微组织，然后本组人员相互交换金相试样进行观察。

  ○
  倍率：
  ○
  倍率：

2. 实验结果分析和讨论

（1）针对所制备的金相试样在高倍和低倍下的显微组织，分析金相试样存在的缺陷、产生原因及应采取的改进措施。

（2）高倍和低倍下同一位置的显微组织有什么差别？为什么？

（3）为何用金相显微镜能观察金属材料内部的组织？

"硬度测试实验"实验报告

班级：_____ 学号：_____ 姓名：_____

组号：_____ 本组人数：_____ 时间：_____年___月___日

1. 实验结果数据记录

分别将实验结果数据填入下列布氏、维氏、洛氏硬度实验记录表。

布氏硬度实验数据

项目 / 试样材料	实验规范				实验结果	
	钢球直径 D/mm	试验力 F /kgf	F/D^2	试验力保持时间 /s	压痕直径 d/mm	硬度值 /HBS

维氏硬度实验数据

项目 / 试样材料	实验规范		实验结果		
	压头种类	试验力 F /kgf	压痕对角线的格数	压痕对角线的长度/mm	硬度值/HV

洛氏硬度实验数据

项　目 试　样 材　料	实验规范		实验结果				
	压头种类	总试验力 /kfg	硬度 标尺	第一次	第二次	第三次	平均值
			HRB				
			HRC				
			HBB				
			HRC				
			HBB				
			HRC				
			HBB				
			HRC				
			HBB				
			HRC				

2. 实验结果分析及讨论

(1) 在记录表的实验结果数据中,哪一些是正确的,哪一些误差大或不正确? 为什么?

(2) 根据实验测得的各种材料硬度值,分析退火状态下材料的硬度与碳含量之间的关系? 为什么?

(3) 在工厂使用的零件加工图样上为何对材料性能的要求通常仅标注硬度指标?

成绩:＿＿＿＿＿＿＿＿＿

指导教师:＿＿＿＿＿＿＿＿＿＿　日期:＿＿＿＿＿＿

"金属的塑性变形与再结晶实验"实验报告

班级：_____ 学号：_____ 姓名：_____

组号：_____ 本组人数：_____ 时间：_____年___月___日

1. 实验结果的记录

(1) 10 钢冷拉后的纤维组织。

材料_____

状态_____

放大倍数_____

浸蚀剂_____

(2) 再结晶退火规范、硬度与晶粒大小。

再结晶退火温度(℃)_____；

再结晶退火保温时间(min)_____。

测 量 项 目	变 形 度/（%）							
	0	2	3	4	6	9	12	15
500 mm² 晶粒数/n								
100 mm² 晶粒数/n								
晶粒平均面积/mm²								
维氏硬度/HV5								

2. 实验结果分析讨论

(1) 画出硬度与冷变形度的关系曲线及硬度随冷变形度变化的原因。

(2) 画出冷变形度与再结晶退火后晶粒大小的关系曲线，解释产生这种关系的原因和确定工业纯铝的临界变形度的原则。

（3）分析影响实验正确性的因素。

成绩：_____

指导教师：_____ 日期：_____

"铁碳合金平衡组织的显微分析实验"实验报告

班级：_____ 学号：_____ 姓名：_____
组号：_____ 本组人数：_____ 时间：_____年____月____日

1. 分别画出 20、45、T8、T12 钢和亚共晶白口铸铁的显微组织，用指引线指明各组织组成物。说明浸蚀剂和放大倍数。

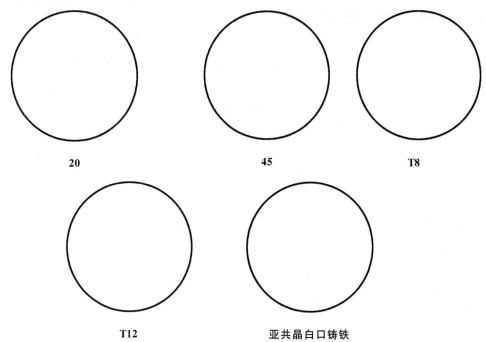

20   45   T8

T12   亚共晶白口铸铁

2. 实验结果分析讨论

（1）所观察的金相试样中，珠光体的形态为何有不同？

（2）在所观察的铁碳合金的组织中，渗碳体有几种形态？分别对材料的性能有什么影响？

（3）用什么方法可以区别亚共析钢中的铁素体和过共析钢中的渗碳体？

（4）根据本人实验观察的试样的组织组成物，由铁碳合金平衡状态图的杠杆定律计算材料的组织组成物百分数含量和碳含量。

成绩：＿＿＿＿＿＿＿

指导教师：＿＿＿＿＿＿＿＿＿＿＿＿　日期：＿＿＿＿＿＿＿

"常用铸铁的显微分析实验"实验报告

班级：_____　　学号：_____　　姓名：_____

组号：_____　　本组人数：_____　　时间：_____年____月____日

1. 分别画出灰铸铁、球墨铸铁与可锻铸铁的显微组织。

灰铸铁　　　　　　　　　　球墨铸铁　　　　　　　　　　可锻铸铁

2. 实验结果分析讨论

（1）分析灰铸铁、球墨铸铁和可锻铸铁中石墨形状对铸铁性能的影响。

（2）分析不同基体的铸铁对性能的影响。

（3）为什么球墨铸铁的强度比灰铸铁的高？铸铁中不同的石墨形态和大小是如何形成的？

成绩：_____

指导教师：_____　日期：_____

"钢的普通热处理实验"实验报告

班级：＿＿＿＿＿＿＿＿　　学号：＿＿＿＿＿＿＿＿＿＿　　姓名：＿＿＿＿＿＿＿＿＿＿

组号：＿＿＿＿＿＿＿＿　　本组人数：＿＿＿＿＿＿＿　　时间：＿＿＿＿年＿＿月＿＿日

1. 把所有实验数据记录于表 1 和表 2 中，每人都需把所有数据抄下，以便进行分析。

表 1　淬火实验数据记录表

试样材料	原始硬度	加热规范		冷却方法	冷却后硬度				估计冷却后组织
		温度 /℃	保温时间 /min		1	2	3	均值	
20									
45									
T8									
T10									
Gr12									

注：表中的硬度单位首选为 HRC，若达不到则可用 HRB。

表 2　回火实验数据记录表

试样材料	淬火后原始硬度（HRC）	加热规范		回火后硬度（HRC）				估计回火后组织
		回火温度/℃	保温时间/min	1	2	3	均值	

2.实验结果分析讨论

（1）根据实验数据，分析不同碳钢经正常淬火后，钢的硬度与碳含量的关系，并说明其原因。

（2）根据实验数据，分析同种钢在相同加热温度时，冷却速度对钢的硬度影响，并说明其原因；同种钢在相同冷速下，不同加热温度对钢处理后硬度的影响，并说明其原因。

（3）画出回火温度与钢的硬度关系曲线，并指出不同回火温度下钢的组织。

（4）分析合金钢热处理的特点及原因。

成绩：＿＿＿＿＿＿＿＿

指导教师：＿＿＿＿＿＿＿＿＿＿日期：＿＿＿＿＿＿＿

"钢的淬透性测定实验"实验报告

班级：_____　学号：_____　姓名：_____

组号：_____　本组人数：_____　时间：_____年___月___日

1. 从试样末端起,将在洛氏硬度计上测量的硬度值记录于下表中。

淬透性试样测量的硬度值

材　料	距水冷端距离 /mm											
	1.5	3	4.5	6	7.5	9	12	15	18	21	24	27
45 钢												
40Cr												

2. 实验结果分析讨论

(1) 绘制 45 钢和 40Cr 的淬透性曲线并确定淬硬层深度,分析两种钢淬硬层差别的原因。

(2) 分析影响实验正确性的原因。

（3）重型机械零件和承载要求高的结构复杂零件应该采用什么钢来制造，为什么？

成绩：_____

指导教师：_____ 日期：_____

"钢经热处理后不平衡组织的显微分析实验"实验报告

班级：_____ 学号：_____ 姓名：_____

组号：_____ 本组人数：_____ 时间：_____年___月___日

1. 观察各个试样的显微组织特征,选画 6 个典型的显微组织示意图,并用指引线标注组织组成物名称和观察倍率。

1

2

3

5

7

12

2. 观察金相组织,在下表中写出以下材料热处理后的组织组成物。

序 号	试样材料	热处理工艺	浸 蚀 剂	显微组织
1	20	950 ℃加热水冷		
2	45	正火		
3	45	油淬		
4	45	860 ℃水淬		
5	45	860 ℃水淬高温回火		
6	45	780 ℃水淬		
7	T8	860 ℃加热 400 ℃等温水冷	4%的硝酸酒精溶液	
8	T8	860 ℃加热 300 ℃等温水冷		
9	T12	正火＋球化退火		
10	T12	780 ℃加热水冷＋180 ℃回火		
11	T12	1100 ℃加热水冷＋180 ℃回火		
12	W18Cr4V	铸态		
13	W18Cr4V	锻造＋退火		
14	W18Cr4V	1 280 ℃加热油冷		
15	W18Cr4V	1 280 ℃加热油冷＋560 ℃三次回火		
16	20	渗碳后缓冷		

3. 实验结果分析讨论

(1) 根据实验结果,若发现 45 钢淬火后硬度偏低(与正常淬火后,45 钢应有的硬度相比),如何根据显微组织来判别其硬度偏低的原因?

(2) 分析 45 钢分别进行完全退火、正火、淬火与调质处理后的组织及性能。如果淬火后硬度过低,应该如何通过金相组织观察来判断,为什么?

(3) 比较表中序号 10、11 试样的显微组织,分析产生的原因及性能上的差别。

成绩:＿＿＿＿＿＿＿

指导教师:＿＿＿＿＿＿＿＿＿ 日期:＿＿＿＿＿＿＿

"计算机辅助定量金相显微分析实验"实验报告

班级：_____ 学号：_____ 姓名：_____

组号：_____ 本组人数：_____ 时间：_____年___月___日

1. 根据金相实验报告,将实验结果记录于下表中(本组人员互相记录数据)。

序号	试 样 材 料	α相百分数含量	珠光体晶粒度	理 论 值	组 织	备 注
1	20					
2	45					

序号	试 样 材 料	平均球化率	球化级别	球墨大小	大小级别	备注
3	QT					

序号	试 样 材 料	石墨平均长度	石墨长度级别	石墨形态	石墨面积/(％)	备注
4	HT					

序号	试 样 材 料	石墨蠕化率	蠕化率级别	石墨数量	石墨面积/(％)	备注
5	RuT					

2. 思考题

(1) 利用铁碳合金平衡状态图的杠杆定律计算材料的组织组成物百分数含量,与实验结果对照;分析误差产生的原因,并提出改进实验效果的措施。

（2）根据测量的结果判别石墨级别的大小，分析球化率对材料力学性能的影响。

成绩：＿＿＿＿＿＿＿＿

指导教师：＿＿＿＿＿＿＿＿＿＿ 日期：＿＿＿＿＿＿

"非金属材料吸水率、气孔率、体积密度测定实验"实验报告

班级：_____　学号：_____　姓名：_____

组号：_____　本组人数：_____　时间：_____年____月____日

1. 实验结果数据记录

分别将实验数据和所测数据填入下表。

试样号	1	2	3	4	5	6
干试样质量 m_1						
饱和试样的表观质量 m_2						
饱和试样在空气中的质量 m_3						
吸水率						
开口孔隙率/(%)						
全孔隙率/(%)						
闭口孔隙率/(%)						
体积密度/(kg/m^3)						

2. 实验结果分析及讨论

（1）影响材料全气隙率的因素有哪些？

（2）影响本次测定结果精度的因素有哪些？

（3）测定材料体积密度的意义是什么？

"聚合物力学性能测试实验"实验报告

班级：_____　学号：_____　姓名：_____

组号：_____　本组人数：_____　时间：_____年____月____日

1. 实验结果数据记录

分别将实验数据和所测数据填入下表。

项目 试样	拉伸屈服测试		拉伸强度测试		弯曲强度测试		硬 度 测 试			
	$\sigma_{屈}$	$\varepsilon_{屈}$	$\sigma_{断}$	$\varepsilon_{断}$	P	σ_f	第 1 点	第 2 点	第 3 点	平均值
试样 1										
试样 2										
试样 3										
平均值										
均方差										

2. 实验结果分析及讨论

（1）本实验可能产生的误差有哪些，试举出几例。

（2）在非金属材料拉伸实验中，拉伸速度对实验结果有何影响？

（3）在邵氏硬度的测试实验中，分析为什么对测试时间有严格要求？猜测延长测试时间会怎样。

成绩：＿＿＿＿＿＿＿

指导教师：＿＿＿＿＿＿＿＿日期：＿＿＿＿＿＿

"丝束表观强度和表观模量测定实验"实验报告

班级：_____ 学号：_____ 姓名：_____

组号：_____ 本组人数：_____ 时间：_____年____月____日

1. 实验结果数据记录

分别将实验数据和所测数据填入下表。

组别	项目	P_b	m	t	σ_t	$\bar{\sigma}_t$	s_t	E_a	$\bar{E}_a$	s_a	f
碳纤维	第 1 组										
	第 2 组										
	第 3 组										
玻璃纤维	第 1 组										
	第 2 组										
	第 3 组										

2. 实验结果分析及讨论

（1）试阐述为什么测定丝束的表观强度，而非单丝的绝对强度。（可从工业应用方面考虑）

(2) 本实验的测量误差主要有哪些?

"典型零件选材和热处理综合实验"实验报告

班级：_____ 学号：_____ 姓名：_____

组号：_____ 本组人数：_____ 时间：_____年___月___日

1. 根据下表，记录实验过程中所用设备、数据，并分析有关问题。

实 验 内 容	热处理工艺	热处理工艺	热处理工艺
试样序号/应用零件			
材料牌号			
要求硬度/HRC			
实验设备			
加热温度/℃			
保温时间/h			
冷却介质和参数			
热处理工艺参数制订依据			
原始显微组织组成物及金相组织图			
热处理后显微组织组成物及金相组织图			
测试硬度（HRC）			
硬度误差产生的原因分析			

实 验 内 容	热处理工艺	热处理工艺	热处理工艺
消除误差的措施			
主要制作的零件和 典型应用工况			

2. 思考题

(1) 有一 CrWMn 钢制作的冷冲纪念币的上下模,其淬火温度应该是多少,为什么？其回火的组织是什么,回火硬度大致是多少？

(2) 实验室现有一 45 钢制作的轴类零件,其要求硬度为 45～48 HRC。试回答：

① 写出其加工工艺路线；

② 制订预先热处理和终了热处理工艺,确定热处理工艺参数；

③ 写出各道热处理的目的和热处理前后的组织。

成绩：＿＿＿＿＿＿＿＿

指导教师：＿＿＿＿＿＿＿＿＿＿ 日期：＿＿＿＿＿＿

附　　录

黑色金属硬度和强度换算表

布氏硬度	洛 氏 硬 度			维氏硬度	肖氏硬度	抗拉强度	布氏硬度	洛 氏 硬 度			维氏硬度	肖氏硬度	抗拉强度
HB	HRA	HRB	HRC	HV	HS	/MPa	HB	HRA	HRB	HRC	HV	HS	/MPa
81	—	41	—	85	—	—	[466]	74.9	—	48.4	490	—	1 595
86	—	48	—	90	—	—	[475]	75.3	—	49.1	500	66	1 630
90	—	52	—	95	—	—	[485]	75.7	—	49.8	510	—	1 665
95	—	56.2	—	100	—	—	[494]	76.1	—	50.5	520	67	1 700
105	—	62.3	—	110	—	—	[504]	76.4	—	51.1	530	—	1 740
114	—	66.7	—	120	—	392	[513]	76.7	—	51.7	540	69	1 775
124	—	71.2	—	130	20	431	[523]	77	—	52.3	550	—	1 810
133	—	75.8	—	140	21	451	[532]	77.4	—	53.0	560	71	1 845
143	—	78.7	—	150	22	490	[542]	77.8	—	53.6	570	71	1 880
152	—	81.7	[0]	160	24	520	[551]	78	—	54.1	580	72	1 920
162	—	85	—	170	25	549	[561]	78.4	—	54.7	590	—	1 955
171	—	87.1	[6]	180	26	579	[570]	78.6	—	55.2	600	74	1 995
181	—	89.5	—	190	28	608	[580]	78.9	—	55.7	610	—	2 030
190	—	91.5	—	200	29	637	[589]	79.2	—	56.3	620	75	2 070
200	—	93.4	—	210	30	667	[599]	79.5	—	56.8	630	—	2 105
209	—	95	—	220	32	696	[608]	79.8	—	57.3	640	77	2 145
219	—	96.7	[18]	230	33	735	[618]	80	—	57.8	650	—	2 180
228	60.7	98.1	20.3	240	34	770	—	80.3	—	58.3	660	79	2 200
233	61.2	—	21.3	245	—	785	—	80.6	—	58.8	670	79	2 235
238	61.6	99.5	22.2	250	36	800	—	80.8	—	59.2	680	80	2 275
242	62	—	23.1	255	—	820	—	81.1	—	59.7	690	81	—
247	62.4	—	24.0	260	37	835	—	81.3	—	60.1	700	81	—
252	62.7	—	24.8	265	—	850	—	81.8	—	61.0	720	83	—

续表

布氏硬度	洛氏硬度			维氏硬度	肖氏硬度	抗拉强度	布氏硬度	洛氏硬度			维氏硬度	肖氏硬度	抗拉强度
HB	HRA	HRB	HRC	HV	HS	/MPa	HB	HRA	HRB	HRC	HV	HS	/MPa
257	63.1	—	25.6	270	38	865	—	82.2	—	61.8	740	84	—
261	63.5	—	26.4	275	—	880	—	82.6	—	62.5	760	86	—
266	63.8	—	27.1	280	40	900	—	83	—	63.3	780	87	—
271	62.4	—	27.8	285	—	915	—	83.4	—	64.0	800	88	—
276	64.5	—	28.5	290	41	930	—	83.8	—	64.7	820	90	—
280	64.8	—	29.2	295	—	950	—	84.1	—	65.3	840	91	—
285	65.2	—	29.8	300	42	965	—	84.4	—	65.9	860	92	—
295	65.8	—	31.0	310	—	995	—	84.7	—	66.4	880	93	—
304	66.4	—	32.2	320	45	1 030	—	85	—	67.0	900	95	—
314	67	—	33.3	330	—	1 060	—	85.3	—	67.5	920	96	—
323	67.6	—	34.4	340	47	1 095	—	85.6	—	68.0	940	97	—
333	68.1	—	35.5	350	—	1 125	—	86	—	69.0	1 004	—	—
342	68.7	—	36.6	360	50	1 155	—	86.5	—	70	1 076	—	—
352	69.2	—	37.7	370	—	1 190	—	87	—	71	1 140	—	—
361	69.8	—	38.8	380	52	1 220	—	87.5	—	71.5	1 150	—	—
371	70.3	—	39.8	390	—	1 255	—	88	—	72	1 200	—	—
380	70.8	—	40.8	400	55	1 290	—	88.5	—	73	1 250	—	—
390	71.4	—	41.8	410	—	1 320	—	89	—	74	1 300	—	—
399	71.8	—	42.7	420	57	1 350	—	89.5	—	75	1 350	—	—
409	72.3	—	43.6	430	—	1 385	—	90	—	76	1 400	—	—
418	72.8	—	44.5	440	59	1 420	—	90.5	—	77	1 450	—	—
428	73.3	—	45.3	450	—	1 455	—	91	—	78	1 500	—	—
437	73.6	—	46.1	460	62	1 485	—	91.5	—	79	1 550	—	—
447	74.1	—	46.9	470	—	1 520	—	92	—	80	1 600	—	—
[456]	74.5	—	47.7	480	64	1 555	—	92.5	—	80.5	1 700	—	—

　　* 表格主要摘自《直齿轮和斜齿轮承载能力计算 第 5 部分:材料的强度和质量》(GB/T 3480.5—2008)附录 B,有关部分适当调整。可供低碳质量分数的铁碳合金硬度换算参考。

参 考 文 献

[1] 孙康宁,张景德,傅水根."工程材料与机械制造基础"课程知识体系研究[J].中国大学教学,2015,5:13-18.

[2] 周继烈,倪益华,徐志农.工程材料[M].杭州:浙江大学出版社,2013.

[3] 张文雪,王孙禺,李蔚.高等工程教育专业认证标准的研究与建议[J].高等工程教育研究,2006,5:25-30.

[4] 高里存,任耘.无机非金属材料实验技术[M].北京:冶金工业出版社,2007.

[5] 高为国,朱理.机械基础实验[M].武汉:华中科技大学出版社,2006.

[6] 史美堂.金属材料及热处理习题集与实验指导书[M].上海:上海科学技术出版社,2005.

[7] 梁军,方国东.三维编织复合材料力学性能分析方法[M].哈尔滨:哈尔滨工业大学出版社.2014.

[8] 戈晓岚.机械工程材料[M].南京:东南大学出版社,2000.

[9] 吴晶.机械工程材料实验指导书[M].北京:化学工业出版社,2006.

[10] 师昌绪.新型材料与材料科学[M].北京:科学出版社,1998.

[11] 教育部.中国工程院关于印发《卓越工程师教育培养计划通用标准》的通知.教高函[1213]15号,2013.

[13] 孙康宁.工程材料与材料成形基础[M].北京:高等教育出版社,2009.

[14] 戴枝荣,张远明.工程材料及机械制造基础(1)——工程材料[M].2版.北京:高等教育出版社,2014.

[15] 南京红绿蓝智能系统有限公司.IS100A金相图像分析系统 V5.0 说明书.南京,2000.

[16] 孙康宁.现代工程材料成型与机械制造基础[M].2版.北京:高等教育出版社,2010.

[17] 欧阳国恩.复合材料实验指导书[M].武汉:武汉理工大学出版社,1997.